COUP-D'OEIL

SUR LA

SCIENCE DE L'HOMME

ET DE SES MALADIES.

COUP-D'OEIL

SUR LA

SCIENCE DE L'HOMME

ET DE SES MALADIES,

OU

APERÇU PHILOSOPHIQUE SUR LA MÉDECINE SPÉCULATIVE, PRATIQUE
ET PROFESSIONNELLE,

PAR L. BOUYGUES,

MÉDECIN EN CHEF DE L'HÔPITAL D'AURILLAC.

La vérité pour l'homme, c'est le témoignage
combiné de la raison et de l'expérience.

TOULOUSE,
IMPRIMERIE DE A. CHAUVIN ET COMP.,
RUE MIREPOIX, 3.
—
1850.

A M. DE PARIEU,

MINISTRE DE L'INSTRUCTION PUBLIQUE.

~~~~~~~~~~

MONSIEUR ET CHER COMPATRIOTE,

Le travail que je vous offre aujourd'hui traite sommairement d'une science spéciale ; mais elle y est considérée à un point de vue qui la rend facilement accessible à votre haute intelligence. Il s'occupe de l'intérêt le plus cher à tous les hommes, puisqu'il recherche la voie la meilleure pour conserver ou rétablir la santé, et prolonger leur existence.

Il fixe, en quelques pages, le caractère de la médecine au XIXᵉ siècle.

Il est le fruit d'une expérience acquise dans un pays qui est aussi le vôtre, et c'est à ce titre, plus encore qu'à la position éminente que vous occupez dans l'instruction publique, que je suis heureux de vous en offrir l'hommage.

Daignez l'accueillir, comme une preuve sincère de mes vives sympathies, comme un témoignage de mon profond attachement.

L. BOUYGUES.

AVANT-PROPOS.

~~nnnnnnnnn~~

Comme les ressemblances physiques, les dispositions morales varient : l'organisation, le climat, l'âge,
l'éducation impriment à l'intelligence des directions
diverses et développent en elle la prédominance des
facultés naturelles, ayant chez tous les hommes, la
même essence et la même origine, mais se distinguant
par les degrés : c'est là ce qui explique la différence
et la variété des productions de l'esprit, quant à la
forme et quant au fonds.

Il est des écrivains qui, ne pouvant se renfermer
dans d'étroites limites et circonscrire leurs pensées,
offrent à leur génie le vaste champ de toutes les connaissances, les considèrent en elles-mêmes et dans
leurs rapports, et s'élèvent ainsi, d'un vol rapide,
dans les hautes régions de la philosophie universelle.

Il en est d'autres, moins privilégiés, qui, ne pouvant briller d'une lumière propre, se réchauffent à ce foyer, profitent des découvertes, élaborent les grandes conceptions, et se bornent à refléter les pâles rayons de ces flambeaux de la science.

Cette dernière réflexion me conduit naturellement à dire ce que j'ai voulu, ce que j'ai pu faire, et à indiquer en peu de mots le plan de ce travail.

Je me suis proposé, en déroulant très-rapidement, aux yeux du lecteur, l'immense tableau de la science de l'homme et de ses maladies, de suivre sa marche et ses progrès, dans les deux conceptions fondamentales qui la dominent, de signaler les causes probables du retard de son développement, d'apprécier d'une manière générale sa puissance et sa valeur au xixe siècle, d'indiquer enfin, à mon point de vue, la méthode qui m'a semblé la meilleure à suivre pour les praticiens de notre époque, de toutes les écoles et de tous les pays; car, en dernière analyse, l'étude de notre art, pour être utile à l'humanité, doit aboutir à une rationnelle et fructueuse application.

Pénétré du caractère, de la noblesse et de la sainteté du mandat que nous sommes appelés à remplir, au milieu de nos semblables, je suis naturellement arrivé à démontrer que la société et l'individu ne peuvent attendre, du médecin le plus habile, le plus instruit, le plus dévoué, que la somme de bienfaits déterminée par les bornes même d'un pouvoir qu'il ne nous appartient, ni de reculer, ni de franchir.

« *Qu'on me donne un point d'appui*, dit Archimède, *et je soulèverai le monde.....* »

Le titre que j'ai donné à cette œuvre me dispense d'expliquer pourquoi l'analyse sommaire, qui en forme en quelque sorte l'introduction, n'embrasse pas en entier le vaste domaine de la médecine, pourquoi elle ne se traîne pas rigoureusement dans l'ordre chronologique des faits. Je ne résume pas l'histoire, mais la philosophie de la science. Ce que je cherche, avant tout, c'est le caractère et la marche de l'esprit humain.

Je n'ai ni la prétention ni le désir de faire un traité *ex-professo*, et d'attacher mon nom à une œuvre nouvelle : la science trouverait un trop faible appui dans mes lumières et dans mon obscur concours, à côté des nombreux génies et des illustrations diverses qui deviennent, chaque jour, par goût et par position, ses doctes et zélés interprètes.

Mais l'observation et l'expérience ont été, pour moi, d'habiles maîtres : je dirai ce qu'ils m'ont appris.

Ce que je veux encore, et ce que j'ambitionne, c'est d'exposer, avec simplicité et bonne foi, comment j'ai compris et aussi comment l'on doit exercer la noble profession du médecin. Cette pensée domine mon âme ; elle forme, pour ainsi dire, la substance même de cet écrit.

Le sentiment profond du devoir et de l'honnêteté, plus encore que le talent, commande l'estime et impose la reconnaissance publique.

COUP-D'OEIL

SCIENCE DE L'HOMME

ET DE SES MALADIES.

PREMIÈRE PARTIE.

~~~~~ππ∩∩∩∩~~~~

En consultant la nature de l'homme civilisé, telle que Antiquité. nous l'a transmise la succession des siècles, et en remontant, par analogie, jusqu'à celle de l'homme sauvage, nous sommes fondés à penser, que, même à l'origine du monde, il existait déjà un rudiment grossier de médecine quelconque. La tradition la plus reculée, la moins contestable, suffirait au besoin pour donner à cette hypothèse le caractère de la certitude ; mais, pour peu qu'on veuille y réfléchir sérieusement, n'est-on pas amené à croire que l'instinct des hommes seul, sans invoquer leur raison, a dû, alors comme aujourd'hui, les rendre sensibles à la douleur, aux gémissements, à la souffrance de leurs semblables, les porter à les secourir, à les soulager, quand nous voyons les animaux obéir chaque jour à ces remarquables sympathies. Mais, sans nous arrêter à une étude plus capable d'exciter notre curiosité que d'éclairer notre esprit, nous nous dégageons dès à présent des ténèbres de la barbarie, pour entrer dans une voie moins obscure et mieux frayée : nous n'avons pas à parler de ces cures merveilleuses opérées dans le temple d'Épidaure au pied de la statue du vieillard déifié ; nous laissons de côté les songes ainsi que toutes les croyances fabuleuses si naturelles au berceau des sociétés humaines, mais sans aucun fruit pour l'étude de la science à laquelle nous essayons de nous livrer.

Depuis plus de deux mille ans, la plus étonnante merveille de la création est devenue un objet sérieux d'étude pour les savants d'élite, pour les plus grands génies des temps anciens et modernes. Les philosophes du paganisme et de la chrétienté, les mathématiciens, les physiciens et les chimistes ont tour à tour frayé des routes nouvelles, pour aller à la recherche de la vérité et pour dévoiler le profond mystère de sa double nature : ils ont imaginé des théories, des systèmes sans nombre, pour ériger en corps de doctrine la science de ses maladies; ils ont essayé de résoudre ce grand problème selon la tendance naturelle de leur esprit et la direction imprimée à leur intelligence.

Les uns, sous la bannière du spiritualisme , plaçant notre corps comme un instrument sous la dépendance d'une cause unique, régulatrice, et douée de toutes les facultés vitales , ont considéré l'homme fonctionnant comme un seul organe.

Dans cette doctrine , pas de localisation possible , pas de phénomènes partiels , isolés , exigeant une méthode curative également partielle : de là , comme conséquence obligée, la généralisation du mal.

Les autres , se montrant incrédules pour tout ce qui est abstrait et ne voulant admettre que ce qui frappe les sens, ont soumis la machine humaine aux lois nécessaires de la matière inerte.

Pour ces derniers, un désordre fonctionnel exprime un désordre anatomique : la maladie, dont l'état général n'est qu'un retentissement, peut s'emparer d'un seul organe, d'un seul appareil. Ce système conduit naturelle-ment à la particularisation. Aussi , ses fauteurs se sont-ils écriés : « La vie, c'est l'organisation ! » et ont fondé l'école organicienne. Partout et toujours, ces deux idées fondamentales se présentent à nous , dominant les esprits et planant sur le monde médical.

Ces deux antagonistes lutteront pendant des siècles : l'esprit et la matière se disputeront le terrain , jusqu'à ce que l'intelligence de l'homme, sans cesse tourmentée du désir de connaître , aura compris, qu'après avoir secoué le joug des idées superstitieuses, elle doit interroger franchement les sens et la raison comme les premières sources de toute certitude, et que la voie de l'observation est la seule qui puisse assurer à jamais le triomphe du progrès et de la vérité.

L'an 540
(avant J.-C.) Cette direction vers le positivisme s'introduit dans la science par la doctrine des pythagoriciens, malgré l'anathème lancé contre eux par les prêtres, malgré les tracasseries des ambitieux feignant de craindre une apparente rivalité, mais qui, au fond, voyaient avec peine leur affranchissement intellectuel, l'estime dont ils jouissaient, et la confiance publique dont ils étaient justement entourés.

Cette apparition de la philosophie dans l'histoire de notre art est déjà remarquable par quelques études anatomiques sur les animaux, et il est peut-être utile de retenir, en passant, qu'à cette époque très-reculée, la santé était une *harmonie*, et la maladie une *discordance* de *fonctions*.

Non-seulement cette secte enseignait, mais elle pratiquait, à la porte des temples, une médecine encore grossière, inspirée par la mythologie, conduite par l'empirisme et fortifiée par l'art divinatoire.

Un grand principe domine la théorie du chef de cette secte : c'est le feu qui produit tout mouvement, et devient la cause de la vie même des êtres : pensée profonde peut-être pour un philosophe qui veut sérieusement la méditer.

Dans ce système, l'homme, s'unissant par la nature aux immortels, et reperdant par le vice toute sa dignité, est le véritable nœud qui rapproche la divinité de la matière. On devine sans peine, par ces rapports tout moraux, l'origine et le but de la transmigration des âmes.

Malgré tout ce qu'il y a d'étrange pour nous et dans nos mœurs, on conçoit néanmoins qu'une conception qui embrasse, dans un lien commun, Dieu, l'univers et le temps, devait exciter l'enthousiasme et mériter au philosophe de Samos l'admiration de ses concitoyens et la confiance des magistrats.

L'homme physique était un mystère, et les notions superficielles, acquises sur ses fonctions, avaient besoin d'être vérifiées. Leurs observations étaient tronquées, grossières, incomplètes : la lutte du symbole et de l'intelligence survivait encore ; le doute était et devait être, dans l'esprit des peuples, la pensée dominante.

Socrate paraît : il déclare aussitôt la guerre au scepticisme, il joint l'étude de l'homme à celle de l'univers ; et, si nous suivons pas à pas le développement de la pensée, nous voyons que ce philosophe, prenant pour devise l'oracle de Delphes, annonce à ses contemporains que, dans un système scientifique, le *dogme* et *l'expérience* sont deux lumières indispensables à l'ouvrier qui veut édifier. Il pose donc ainsi, très-nettement, le précepte fécond d'une direction utile ; mais les faits observés et coordon-

L'an 470
(avant J.-C.)

nés dans leurs rapports, les matériaux nécessaires à cette édification manquent; il n'en fournit aucun; il se borne à de graves enseignements pour ses successeurs; il montre la route qui, plus tard, doit conduire les savants à la découverte des lois positives des connaissances naturelles, et rend ainsi un immense service à la science de l'homme en favorisant ses progrès.

Il était réservé aux descendants d'Esculape, investis des fonctions médicales comme d'un sacerdoce, à la grande famille des Asclepiades, d'unir l'observation à la philosophie, et de recueillir les documents précieux dont le mérite et la vérité, à cette époque si reculée de notre histoire, confondent autant notre orgueil qu'ils étonnent notre raison.

L'école de Gnide, s'attachant plus aux symptômes qu'aux signes, substitue l'apparence à la réalité, et montre une tendance évidente vers la particularisation.

Celle de Cos, au contraire, généralisant toujours, ne peut classer les maladies dans un cadre nosologique; mais elle en saisit admirablement les caractères variés, la physionomie mobile et trompeuse, et leur adresse un traitement en harmonie avec leur nature et les idées de son époque.

L'an 460 (Avant J.-C.) C'est donc la famille d'Hippocrate qui devait poser les bases de la médecine pratique. C'est au vieillard de Cos qu'il appartenait d'opérer une réforme utile pour l'avenir, en renversant l'échafaudage des docteurs de la science astrologique, en fermant à l'instruction les temples mystérieux, pour aller dans les gymnases enseigner et pratiquer au grand jour, et porter ainsi le flambeau de la raison parmi les hommes habitués aux fausses lueurs de la magie et des institutions du polythéisme.

Les idées religieuses de son temps mettaient un obstacle invincible à l'ouverture des cadavres. N'ayant jamais visité l'Egypte, où les connaissances anatomiques avaient déjà fait quelques progrès, le père de la médecine ne put puiser à cette source féconde la connaissance matérielle des faits que révèle à l'observateur cette branche si utile de notre art, ni les lumières indispensables à la découverte des phénomènes de la physiologie. On le voit, par suite de cette privation, plus occupé des causes générales externes que des causes prochaines, des mouvements variés et anormaux de la nature que des transformations organiques, on le voit enfin, faute d'éléments, se jeter dans des spéculations élevées sur l'essence et le siége même de la vie. Il pose partout des jalons sur le chemin qu'il a frayé, et que vont parcourir les nombreux génies qui lui succèderont ; mais ses travaux, admirés par nous, traverseront les siècles, et, se perpétuant d'âge en âge, arriveront à la postérité la plus reculée, comme le témoignage impérissable d'un des plus grands génies de l'antiquité. En méditant ses œuvres, on reconnaît le profond observateur, et on regrette qu'il n'ait pu pénétrer dans

2

les mystères de l'organisation ; car, avec la sagacité et la pénétration de sa rare intelligence, il aurait, sans aucun doute, fait faire un pas immense à la science qui nous occupe, et hâté le règne des saines doctrines parmi nous.

L'ignorance absolue de la machine humaine a laissé trop longtemps les philosophes livrés exclusivement aux seules ressources de leur esprit ; aussi, manquant d'une base solide, les voyons-nous, en général, bâtir péniblement des systèmes étranges qui n'ont pu résister à l'épreuve du temps, et que l'on consulte aujourd'hui par pure curiosité.

Cette vérité ressortira de plus en plus, à mesure que nous avancerons dans cet examen, et que nous chercherons à apprécier la nature et la direction intellectuelle qui a présidé aux travaux des philosophes-médecins.

L'an 430 (avant J.-C.) Le premier qui se présente à notre esprit est un disciple de Socrate. Il séduit les savants de son époque par l'idée superbe qu'ici-bas tout a été fait pour l'homme ; par suite de cette pensée dominante et exclusive, il dirige toutes les puissances de son esprit vers l'étude de son semblable, qui, selon lui, résume la création. Mais, pour arriver à cette connaissance, il se sert de la méthode purement spéculative : il expose ses idées avec le charme d'une imagination ardente et poétique ; il repousse avec dédain la voie de l'expérience et de l'observation, et, en suivant ainsi, dans la recherche des propriétés matérielles, son penchant à l'idéalisme, il remplit ses écrits de paradoxes étranges, de rêves futiles, qu'on pardonne avec peine à un esprit aussi sublime. Par une disposition trop raisonneuse, trop métaphysique et surtout trop généralisatrice, il néglige les connaissances anatomiques et positives : il les trouve et les laisse à l'état de rudiment. Dans ses recherches, toujours au-dessus des sens et de la matière, il n'a foi que dans la méditation abstraite, et il espère, dans la sience physique et physiologique, trouver la vérité par la seule intuition mentale. Il place dans le cerveau de l'homme une âme immatérielle, et dans la poitrine une âme mortelle. Pour diriger ensuite les mouvements intérieurs que l'on suppose s'exécuter dans le corps de l'homme, et les actes fonctionnels, permanents et continus, dont il ne peut attribuer la cause à la matière inerte et que, dans ses idées tout spiritualistes, il ne peut rattacher à l'être pur et noble qui fait les pensées, qui les combine et les compare, il imagine une foule d'âmes ou de subdivisions d'âmes mortelles, qu'il place à la tête de tous ces ateliers physiologiques ; et, quand il a classé et énuméré les principales parties du corps et indiqué l'emploi que leur a assigné la nature, il se figure avoir clairement démontré leurs *causes finales*.

Ainsi, l'un des plus brillants esprits de son siècle, qui, dans une direction meilleure, eût enfanté les plus grands résultats au profit de notre art, ne produisit que des rêves infructueux et d'incroyables déceptions. Dans la science des maladies, les lumières de l'intelligence sont d'un immense secours sans doute, mais à la condition expresse que l'imagination soit toujours subordonnée à l'appréciation immédiate des sens et de la raison. Sous l'influence de l'idéalisme platonicien, les disciples de Socrate furent dominés, dans leurs doctrines, par la métaphysique et le spiritualisme. Les médecins de la Grèce, malgré l'élan qu'ils imprimèrent à la pathologie humorale, formèrent insensiblement une école, à laquelle on donna le nom très-significatif de *dogmatique*.

Ainsi, Platon, qui avait créé l'école académique, fut aussi le vrai fondateur de cette philosophie toute spéculative, dont l'application devait s'opposer invinciblement au développement progressif des connaissances médicales.

Jusqu'ici, en effet, quelques recherches fugitives et sans fruit se sont effectuées sur l'organisation des animaux; mais l'anatomie de l'homme reste complètement ignorée : l'intelligence n'a pas encore pénétré dans cette voie; elle s'est bornée à des observations générales plus ou moins abstraites, plus ou moins judicieuses.

Il appartenait à un philosophe d'un esprit plus positif, de se livrer à des considérations d'un ordre diamétralement opposé à celui de l'école dogmatique.

L'an 380 (avant J.-C.)   Aristote, le plus grand naturaliste de l'antiquité, se pose sur le terrain des faits matériels, et rectifie de graves erreurs commises avant lui. Par ses immenses travaux, et par la direction qu'il leur imprime tout d'abord, les sciences naturelles sortent du cahos. Sans avoir une connaissance très-étendue de l'organisation physique de l'homme, l'anatomie doit cependant à ce puissant génie quelques découvertes qui démontrent la tendance de son esprit et sa supériorité sur tous ses devanciers. En effet, avant son apparition, l'ostéologie était seule étudiée ; et, si on en excepte quelques idées informes et sans suite que nous ont léguées les écrivains hippocratiques, sur la structure du corps humain, on peut dire que la science à cet égard était nulle : non-seulement il examine les objets dans leur ensemble, mais il en saisit admirablement les rapports ; s'il voit des effets, il en recherche la cause ; il s'éclaire sur les résultats par le flambeau de l'expérience, il décrit et classe tous les êtres, et attache à jamais son nom à la zoologie, son plus beau titre de gloire.

Il place le siége de l'âme et l'origine du système vasculaire dans le cœur ; il donne des aperçus grossiers sur la digestion ; il découvre les nerfs, qu'il confond ensuite avec d'autres tissus ; il pénètre, à l'aide de l'instrument, dans l'organisation des animaux et dans celle de l'homme, et soupçonne, plutôt qu'il ne les analyse, quelques phénomènes physiologiques : on peut avoir la mesure du mérite de ses œuvres en les voyant arriver, à côté de celles de Galien, jusqu'à l'âge de rénovation, comme le seul et le plus parfait monument de cette longue série de siècles.

Ce chef de la secte des péripatéticiens a doté, en effet, la postérité de travaux, non complets sans doute, mais très-remarquables, par la vaste érudition qu'ils supposent, par leur richesse, par leur étendue, et surtout par la nature des recherches neuves qu'ils ont pour objet.

Il pose, dans son *Histoire des Animaux*, les vrais fondements de l'anatomie comparée, que, vingt siècles plus tard, l'immortel Cuvier a porté si près de la perfection par ses nombreuses et savantes élucubrations, et en suivant une partie du plan tracé par l'habile et profond philosophe de Stagyre.

Les deux derniers grands hommes dont je viens d'ébaucher l'histoire, ont été, chacun par leur exclusivisme, les fondateurs des deux écoles rivales qui président, jusqu'à nos jours, à toutes les théories et à tous les systèmes qu'a enfantés la science de la médecine.

En suivant rapidement les phases diverses qu'a subies l'intelligence, dans ces deux conceptions fondamentales, j'indiquerai les noms les plus célèbres qu'a recueillis l'histoire, et qui apparaissent de loin en loin, à travers les âges, comme autant de phares lumineux destinés à guider le voyageur sur la route obscure et difficile que nous parcourons.

Si, fidèle au plan que je me suis tracé, je recherche, à son origine, la cause du grand mouvement qui va s'effectuer et qui fixera une ère nouvelle parmi nous, je trouve, au milieu des Israélites, un disciple des prêtres de l'Egypte, attentif aux beautés de la nature, et se montrant, par ses travaux, bien supérieur à ses contemporains : prophète et législateur, Moïse prépare au monde, par une nouvelle croyance, une rénovation radicale dans l'ordre social. Préoccupé de tout ce qui intéresse la conservation de la santé, il annonce que les souffrances, les infirmités et les misères de la vie sont des châtiments infligés par une cause unique, surnaturelle, redoutable ; que la lèpre elle-même est une manifestation du juste courroux de la Divinité, dont il faut apaiser la colère par le sang des victimes, afin d'obtenir la cure radicale de toutes les maladies.

Tandis que ces idées nouvelles, matérialistes et divines tout à la fois, étaient accréditées parmi le peuple, tandis qu'elles avaient exclusivement placé l'art de la médecine dans les mains privilégiées des lévites et des prophètes, pendant qu'on faisait de la circoncision une règle d'hygiène publique, les troubles sanglants qui déchirèrent si longtemps la Grèce, par suite des rivalités des successeurs d'Alexandre, chassèrent les savants de tous

les ordres, de leur patrie, et les forcèrent à chercher la
paix et le repos, à l'ombre desquels ils pussent continuer
leurs travaux.

L'an 300
(avant J.-C.) Ils se réfugièrent en Egypte, et introduisirent, dans cette
société nouvelle, le tribut de leurs lumières et de leur expérience : ils y augmentèrent, par leur ardent concours, la
collection de toutes les richesses intellectuelles de l'univers.

C'est à cette source féconde, c'est dans ces belles bibliothèques publiques qui exercèrent une si grande influence
sur la civilisation des peuples, que le philosophe de
Pergame envoyait ses élèves pour y puiser les connaissances que Rome, malgré sa qualité de peuple-roi, ne
pouvait leur procurer. Les Romains, en effet, si longtemps les maîtres de la terre, et que Galien ne craignait
point de qualifier d'ignorants, de charlatans et d'empoi-
sonneurs, regardaient, comme une profanation, l'ouverture des cadavres humains : aussi, jusqu'à la renaissance,
pas un anatomiste en renom ne sortira de leur sein.

Le musée d'Alexandrie renfermait les débris de la
science juive et égyptienne, ainsi que les productions
plus modernes de la littérature et de la philosophie grec-
ques. La patrie des Ptolémée, tout en accordant à la
médecine une protection spéciale, tout en favorisant ses
progrès et étendant ses lumières, devint aussi une source
intarissable qui, pendant des siècles, répandit ses bienfaits sur l'ancien monde.

Malgré la divergence d'opinions de tous les philosophes, malgré le goût du merveilleux, les tendances mys-
tiques et paradoxales, on remarquait néanmoins, parmi
ces nombreux rhéteurs, des hommes sérieux et positifs.
Les disputes métaphysiques et théologiques satisfaisaient
peu leur raison ; ils se montraient surtout avides de faits
sensibles et saisissables, de connaissances matérielles,
seules capables, d'après eux, de favoriser le progrès.
Aussi l'anatomie est-elle étudiée de nouveau, et quelques
découvertes agrandissent, mais faiblement encore, le
champ de la médecine. La majeure partie des esprits
n'était pas entrée dans cette voie, et ne pouvait se départir de son habitude raisonneuse. Le dogmatisme et l'empirisme se disputèrent longtemps sur le terrain de la
science. Cette division funeste devait ralentir l'élan que
les rois eux-mêmes avaient cherché à imprimer, dans
leurs états, à l'esprit humain, en créant quelques établissements publics destinés à favoriser son développement
au point de vue médical.

Dans cet état incertain, au milieu de ces doctrines
diverses en ébauche, quelques hommes judicieux cherchent un point d'appui solide, et ne trouvent, pour leur
raison, aucune voie tracée de manière à les conduire à
la vérité : apercevant néanmoins, à travers ces ténèbres, quelques faibles lueurs de progrès, ils croient
pouvoir augmenter la lumière en choisissant, dans ce

mélange incohérent, ce qui leur semble bon et utile :
ils se mettent aussitôt à l'œuvre, coordonnent toutes ces
idées, y ajoutent le fruit de leur propre expérience, et
forment ainsi le système mixte de l'épisynthéisme, dont
Galien fut le digne représentant.

Mais cette disposition transitoire se caractérisa trop peu
pour qu'on en vît sortir une théorie durable.

D'ailleurs, les tendances à l'argutie étaient encore
manifestes et prédominaient toujours par l'absence d'une
assez grande quantité de faits bien observés; aussi, malgré les efforts impuissants et réitérés de la philosophie
expérimentale, le dogmatisme platonicien triompha, et
sortit vainqueur de la lutte.

Ère chrétienne. Nous sommes à l'époque mémorable où l'humanité
toute entière subit la régénération intellectuelle et morale
annoncée parmi les Hébreux, et qui, imprimant aux
esprits une direction nouvelle, se fait puissamment sentir
dans leurs travaux et réagit jusque dans leurs conceptions. La science et l'art de la médecine y puisent un caractère durable, qui se généralise dans l'Occident et se
propage jusque dans l'Orient, mais pour prendre, dans
cette dernière région, des racines moins étendues, moins
profondes. Le sceptre de la médecine passe des Grecs
aux Arabes qui commencent une ère nouvelle, et sépa-
rent, d'une manière bien tranchée, la science ancienne
de la science moderne.

Bientôt le sensualisme mahométan, s'adressant aux esprits disposés à recevoir les enseignements de cette doctrine, et trouvant ainsi le terrain préparé, crée une secte nombreuse et dévouée, et sème parmi ces peuples des germes féconds d'où naissent des connaissances nouvelles, des écoles médicales, des établissements charitables, des officines mêmes dans lesquelles on renfermait, avec un sentiment tout religieux, les produits de l'alchimie, et d'où s'échappaient, comme d'un sanctuaire, les médicaments destinés au soulagement des maladies.

Ainsi, les Arabes, qui reconnaissaient pour chef l'homme qui, seul parmi eux, avait osé porter le scalpel dans l'organisation vivante, qui, pour eux, doué d'une sagacité remarquable et d'une vaste intelligence, avait appliqué, avec autant de fruit, ses brillantes qualités à l'étude de l'histoire naturelle; les Arabes, dis-je, allaient bientôt pénétrer dans les cloîtres, y développer le goût des sciences positives qui existait déjà dans l'esprit de ces religieux, et diminuer, d'autant, la valeur et la puissance de l'idéalisme platonicien.

C'est à l'Espagne, surtout, qu'appartient le plus grand nombre de savants et de médecins de cette époque.

En suivant avec attention la marche de l'esprit humain, on voit que la médecine ne se développa réellement en Europe que lorsque les peuples d'Occident purent connaître et apprécier les livres arabes. Jusque-là, ils étaient

demeurés en arrière dans l'étude des phénomènes matériels, seuls capables, il faut bien le reconnaître, de
faire avancer une science d'observation. Mais il faut dire
aussi que, par la nature même de leur intelligence, leur
bouillante imagination subalternisa trop souvent la raison, et que ce fut là une des causes qui arrêtèrent les
progrès. Au xive siècle commença leur décadence, et,
de nos jours encore, ils sont à peine sortis de la bar-
bare ignorance où ils avaient été replongés depuis la
destruction de leur empire par les chrétiens.

Ce qui fait surtout bien comprendre chez les Occiden-
taux la direction de l'intelligence, l'importance de ses
efforts au point de vue de la vulgarisation, la nature de
ses progrès dans la pratique, c'est l'organisation régu-
lière d'institutions, choisissant à Salerne, dont l'école
florissait alors, ses auteurs classiques, et recevant ses
docteurs. La position topographique de cette ville de
L'an 768
(après J.-C.)   l'Italie, où Charlemagne avait appelé tous les savants de
la Grèce, son délicieux climat, l'affluence des pèlerins
et des croisés, la grande habileté de ses professeurs, tout,
en un mot, se réunissait pour assurer à cette école célèbre
du moyen-âge la grande réputation dont elle jouissait.

Moyen-âge.   Avicenne, ce chef de l'école arabiste, Aristote, Galien
et Hippocrate furent désignés comme les quatre auteurs
qui seraient mis entre les mains des élèves voués spécia-
lement à l'exercice de la médecine.

Quelques découvertes dans la chimie avaient faiblement enrichi la matière médicale, et la chirurgie s'avan-
çait moins incertaine dans la voie du progrès.

Néanmoins, malgré cette protection souveraine, le
résultat, sans être aussi stérile qu'on l'a imaginé, ne fut
pas en harmonie avec les nombreux efforts de son puissant fondateur.

L'intelligence humaine avait une tendance religieuse,
presqu'exclusive : le spiritualisme mystique, l'unité de
cause productrice, l'unité de moyens curatifs, que
nous ne voulons nullement discuter ici, mettaient nécessairement un obstacle invincible à l'érection d'un
corps de doctrine réelle, applicable au soulagement
des infirmités de l'homme par l'homme : le goût des
controverses enraya, au berceau du catholicisme, les
progrès de l'anatomie qui avait reçu de Galien une impulsion nouvelle, contribua puissamment à la décadence
de l'art, et, ainsi que nous l'avons déjà dit, hâta la
chute de l'empire d'Orient. Mais, tout en s'opposant
d'une manière si radicale au développement des connaissances positives par cette prédominance d'une disposition
toute surnaturelle, nous devons néanmoins aux sentiments de la fraternité chrétienne l'établissement des premiers hôpitaux. C'est à Jérusalem, en effet, que l'on
trouve la première idée d'un hôtel-Dieu; et on sait quel
immense service ont rendu, et rendent encore tous les

jours, ces asiles de toutes les souffrances et de toutes les misères de l'humanité.

« Le soin des malades est confié, dans ces hôtelleries du malheur, à ces respectables hospitalières, dont l'existence est un long et sublime sacrifice ; à ces vierges charitables, que le meilleur des hommes, puisqu'il fut le plus hospitalier, institua pour être le modèle accompli des qualités bienfaisantes qui rapprochent la créature du Créateur (1). »

« Oui, dit un autre auteur, en consacrant à toutes ces personnifications du sentiment évangélique l'hommage de son respect, si d'autres nations attendent encore l'institution des filles de Saint-Vincent-de-Paul, des dames de Saint-Charles-de-Lorraine, etc., qu'elles sachent bien que notre pays s'en montre glorieux, fier et reconnaissant, quand il songe à l'obligation, à elles imposée, de ne connaître de la société où elles vivent que les maux physiques, et quand il voit leur œuvre s'accomplir à l'aide d'un travail constant, difficile, plein d'amertume. Une telle mission n'est-elle pas sainte dans son principe, plus sainte encore dans son utilité ? C'est la bienfaisance de l'homme élevée jusqu'au trône de Dieu même, par des femmes qui meurent avant d'avoir vécu (2). »

---

(1) Coste. — *Dict. des Sciences médicales.*

(2) Le professeur Hippolyte Combes, de Castres.

S'il nous était permis à nous, qui, pendant dix-huit années, avons été le témoin de leur zèle et de leur beau dévouement, d'ajouter nos impressions à ces nobles pensées, nous dirions : Leur mission dans ce monde est d'autant plus méritoire, elle doit exciter d'autant plus notre admiration, que, triomphant, par la volonté, de répugnances, pour ainsi dire, invincibles, et se dépouillant de leur faiblesse native, elles aspirent chaque jour et à toute heure les émanations les plus repoussantes; elles voient les tableaux les plus dégoûtants, touchent les plaies les plus hideuses, entendent les douleurs les plus déchirantes, et assistent, avec une affectueuse et apparente impassibilité, aux souffrances les plus aiguës, les plus poignantes. Toujours en compagnie des plaintes, des gémissements, des tortures et de la mort, elles ne recueillent souvent, comme le médecin qu'elles assistent, pour prix de leur sainte abnégation, que l'indifférence ou l'ingratitude des malheureux eux-mêmes auxquels elles ont si courageusement voué les plus belles années de leur vie.

Au milieu de ces institutions si salutaires, si profondément civilisatrices, parce qu'elles ont leur source dans le cœur, et que l'Evangile y a aussi puisé toutes ses inspirations, l'histoire nous montre les peuples d'Occident, absorbés par les idées des philosophes chrétiens, et ne se souvenant presque plus des préceptes de Galien et d'Hippocrate.

Cette partie de l'ancien monde était depuis des siècles plongée dans la barbarie, et présentait l'image du cahos, lorsqu'une querelle de moines, et plus tard une longue et sanglante guerre, qui avait pour but la défense du christianime, et qui mit aux prises le spiritualisme de l'Eglise et le sensualisme mahométan, dissipa insensiblement les subtilités de la métaphysique, pour faire place à l'observation des faits saisissables et à leur coordonation : en un mot, par un nouveau rapprochement des peuples restés longtemps étrangers les uns aux autres, la science reprend son éclat, les lumières pénètrent de nouveau dans l'Europe occidentale, et la philosophie expérimentale recherche avec plus de soins les indications pratiques.

On fonde l'école de Montpellier ; tous les livres arabes sont les livres classiques.

A mesure que nous avançons dans le moyen-âge, époque de transition si obscure, et si peu connue, nous voyons l'intelligence se dégager lentement et péniblement des liens qui la retiennent, et s'opposent à son affranchissement. Les ténèbres se dissipent peu à peu, et la route apparaît devant nous moins tortueuse et moins frayée.

Mais, pour remplir aussi fidèlement que possible le but que nous nous sommes proposé, nous ne devons laisser échapper aucune occasion, quelqu'éloignée de notre sujet qu'elle puisse paraître, de déterminer avec

exactitude la tendance générale de l'intelligence, parce
que, de cette appréciation, dérive telle ou telle prédominance, et, par suite, le caractère même et la direction
du mouvement scientifique que nous poursuivons toujours au point de vue philosophique.

Sous les faibles successeurs de Charlemagne, les préju-
gés avaient reparu ; on n'osait plus toucher aux cadavres, et, au milieu de l'Europe embrasée par une guerre
générale, l'esprit humain ne pouvait guère s'occuper
d'études sérieuses ; aussi, la médecine, laissée dans la
pratique aux individus de bas étage, tombe toute entière
entre les mains d'effrontés charlatans qui vendent leurs
remèdes dans les rues, ou sur les places publiques.

Mais bientôt les sciences physiques et mathématiques
prennent un nouvel essor : elles ont pour dignes repré-
sentants des hommes qui, en dotant le calcul de signes
nouveaux, préparent pour l'avenir le développement de
la plus parfaite de nos connaissances.

Léonard de Pise, selon les uns, introduit en Europe   L'an 1000.
les chiffres arabes ; mais suivant les autres, et de ce nombre je suis heureux de pouvoir nommer le célèbre Cuvier,
l'honneur de cette importation était dû, depuis longtemps,
à l'illustre élève de l'école de Cordoue, au savant béné-
dictin du xe siècle qui porta la tiare, sous le nom de
Sylvestre II.

Le xiie siècle donna naissance à la doctrine scolastique   L'an 1200.

qui, tout en arrêtant l'essor de la pensée, en la resser-
rant dans des limites et dans des formes étroites et com-
passées, ne fut pas aussi contraire à son développement
qu'on pourrait le penser au premier abord, car l'esprit
gagnait peut-être en justesse ce qu'il perdait en étendue:
aussi les progrès furent peu enrayés. C'est dans ce siècle
que le clergé fut dépossédé du privilége d'exercer la médecine, non par une loi, on n'eût peut-être pas osé la
rendre, mais par une simple défense du pape et des con-
ciles.

L'an 1300. A cette époque, un génie puissant de l'Angleterre,
que la nature de son intelligence avait fait entrer dans le
champ des sciences naturelles, et qui les étudiait avec
fruit pour l'avenir, est arrêté dans sa course par la philosophie contemplative et ne peut qu'indiquer à ses contemporains la marche dans laquelle, au reste, ils parais-
saient très-disposés à entrer. Je ne puis taire en passant
que c'est dans le XIIIe siècle que fut établie, sous le règne
de Philippe-Auguste, l'université de Paris, devenue l'école
la plus célèbre du monde.

Après Roger Bacon, on fait de nouveaux efforts pour
pénétrer plus avant dans la voie du progrès, et la science
s'enrichit de quelques découvertes. Les dissections sont
franchement introduites dans son domaine. Les anatomis-
tes, pleins de zèle et d'ardeur, accumulent les faits
de détail, agrandissent le cercle de nos connaissances,

et dissipent une foule d'erreurs grossières accréditées jusqu'à ce jour par la médecine des anciens.

L'homme enfin, dont la noble curiosité développe l'esprit, fatigué de se traîner sans cesse dans un dédale
obscur, fatigué de voir reparaître à chaque pas les mêmes
efforts et les mêmes résistances, ne rencontrant plus der-
rière lui, dans les travaux opérés, dans les idées émises,
de quoi satisfaire son intelligence et sa raison, se dégage
des liens qui l'enchaînent, arrête un instant les oscillations du passé et s'élance avec vigueur dans un monde
qu'il croit nouveau.

Mais si, novateur hardi, la lumière semble devoir se
faire à son approche, ce ne sera longtemps encore qu'une
lueur obscure, qu'un nouveau chaos, où l'on s'agitera
dans des conceptions bizarres et incomplètes, dans des
théories erronées et incohérentes, mais qui néanmoins
feront faire un pas de plus, sinon à la médecine propre-
ment dite, du moins aux différentes branches dont elle se
compose.

Gui de Chauliac quitte les montagnes du Gévaudan,
sa patrie (1360), pour se rendre à Montpellier et y faire
ses études. Il est dirigé, dans ses travaux, par plusieurs
professeurs distingués de cette école, entre autres par
Pierre d'Horlac (d'Aurillac), qu'il cite avec reconnaissance
dans ses écrits. Il se livre avec ardeur aux études anatomiques, et devient capable de pratiquer quelques opé-

rations de la haute chirurgie ; il acquiert bientôt une érudition et une renommée qui le font distinguer par les chefs de la chrétienté ; il devient le premier médecin de son temps, et rend des services signalés à la science qu'il représente parmi nous encore à la fin du moyen-âge.

Nous voyons, à cette époque, la lutte des barbiers, des chirurgiens de Saint-Côme et de la Faculté, tourner au profit de la science pratique, en obligeant les premiers à subir, après leur réception de simple barberie, un examen sérieux au Châtelet, qui, changeant ainsi leur caractère, leur permettait d'être reçus au collége de Saint-Côme : les chirurgiens de ce collége, à leur tour, par suite de leur soumission à la Faculté, pouvaient y devenir professeurs ou docteurs-régents.

L'art et la profession ne pouvaient que gagner à ce rapprochement, si favorable à la science et à l'humanité. Aussi, des hommes habiles, devenus plus familiers, par les dissections, avec l'organisation, pouvaient opérer avec plus de hardiesse et de sûreté.

Parmi les chirurgiens qui présidèrent à ce mouvement progressif, et que l'histoire a retenus, nous pouvons citer les noms de Fallope, de Fabrice d'Aquapendente, de Fabrice de Hilden, de Pierre Franco, de Vésale, etc.

L'an 1530.   Ce dernier, appelant des décisions de Galien à l'observation de la nature, donne surtout le signal de la révolution depuis longtemps préparée dans les esprits, par les philosophes matérialistes, et fonde parmi nous l'anatomie de l'homme.

Il avait compris, avec son intelligence toute positive, que, sans l'étude anatomique, la médecine ne pouvait progresser. Aussi, plein de zèle, d'ardeur et de dévouement, il ne craint pas, fort jeune encore, d'aller, sur les buttes de Montfaucon, ou dans les cimetières, disputer, nuitamment, aux oiseaux de proie et aux animaux carnivores, les débris infects que le crime y a conduits, que la souffrance et la mort y ont déposés. Cette audace lui suscita de nombreux ennemis, parmi lesquels se trouve, comme un des plus acharnés, son maître Sylvius. Mais la raison triomphe de la jalousie, et la science est dotée, par ce jeune réformateur, de nombreuses et utiles découvertes.

Alors comme aujourd'hui nous rencontrons, parmi les médecins, le germe de ces rivalités funestes, de cet égoïsme coupable, qui s'enflamme à la vue d'une personnalité qu'il ne peut souffrir, qui veut éteindre une supériorité qu'il repousse, qui craint la gloire et la renommée dont il veut jouir, qui ne peut tolérer, dans autrui, ce qu'il convoite pour lui-même, et qui, dans son étroite passion, se révolte au seul mot de justice, comme s'il pouvait fausser l'opinion de ses juges naturels, et empêcher la lumière de se produire; comme s'il pouvait enfin rester sourd à son propre témoignage, et empêcher, par ses paroles ou ses actes hypocrites, le triomphe de la vérité!

Ce célèbre médecin devance et prépare, par ses travaux, l'homme de génie dont le nom immortel est gravé en caractères ineffaçables dans le livre de la renommée, comme sur le mur de nos amphithéâtres, et où l'image vénérée commande parmi nous l'admiration et le respect.

L'an 1552.

Ambroise Paré, qui, de simple barbier, s'éleva par son génie au faîte de la gloire, tenait en France le sceptre de

Temps modernes.

la chirurgie. Il comprit, de bonne heure, que le praticien restait incomplet sans l'alliance intime de la médecine interne et de la pathologie externe. Aussi, de la même main qu'il écrivait un traité de la fièvre, il posait les grands préceptes de la ligature des vaisseaux et les règles générales du traitement des plaies par arme à feu.

Ce n'est pas assurément ce grand homme qui, égaré par l'enthousiasme de son art, aurait osé, à l'exemple de Lapeyronie, demander au chancelier d'Aguesseau d'élever un mur d'airain entre la médecine et la chirurgie ! il avait trop de noblesse et d'élévation dans l'esprit ; il était, avant tout, trop ami de la science et de l'humanité, pour professer une semblable hérésie.

Sa devise admirable et pleine de sens, nous apprend que, malgré son vaste savoir et sa longue expérience dans ces deux branches qui tiennent au même tronc, il savait néanmoins comprendre les bornes de l'intelligence humaine et la véritable étendue de sa puissance :

Je l'opéray, Dieu le guarit !!!

Pensée mille fois sublime à force de simplicité, de vérité, de noble modestie! remarquable profession de foi
du religionnaire soustrait par Charles IX à l'horrible car-
nage des matines de Paris!

C'est dans ce siècle que l'obstétrique prit réellement naissance et se forma en corps de doctrine; on
ne peut invoquer, pour fixer son origine, les quelques
idées sans suite qui ressortent de la pratique des Asclé-
piades.

A côté de ces grands travaux anatomiques qui révèlent
assez la tendance de l'esprit humain, à côté du mouvement ascensionnel qui s'effectue dans les connaissances
chirurgicales, quelques esprits aventureux et rêveurs,
abandonnant la voie de l'expérience, s'imaginent rencontrer, dans leurs faibles cerveaux et dans un jour, les éléments d'un édifice nouveau, et deviennent les inventeurs
des singulières doctrines de l'ontologie. La maladie n'est
plus un dérangement de fonctions, c'est un être particulier revêtant des noms divers, qu'il s'agit de combattre et
d'expulser de l'économie. Les philosophes de cette époque
portent toute leur attention sur les humeurs, interrogent
la chimie sur leur nature ou leurs qualités, et leur font
jouer un rôle presque exclusif dans la constitution du
corps de l'homme et dans la production des anomalies qu'y
introduit le mal.

Dans toutes les maladies, quelle qu'en soit la nature

et la forme, les esprits animaux, espèce de vapeur légère, sortent du cerveau qui les engendre, et, suivant la direction des nerfs comme de véritables conduits, se rendent dans les différentes régions pour communiquer aux organes le sentiment et la motilité; on les voit aussi, dans cette conception, présider aux sécrétions glandulaires.

On conçoit aisément que la pathologie devait se ressentir de cette doctrine, et les affections recevoir un traitement en harmonie avec la composition supposée des humeurs morbifiques.

La médecine était alors sous l'empire absolu d'idées chimiques et physiques; le corps de l'homme était devenu un laboratoire. On adressait aux mouvements physiologiques et aux transformations de la pathologie les expériences qu'on fait subir aujourd'hui aux substances inertes. On ne tarda pas à comprendre qu'en abusant ainsi des produits chimiques ou alchimiques pour traiter les maladies, on s'exposait à de graves dangers. Le temps avait sans doute démontré, non-seulement les inconvénients d'une telle pratique, mais encore la nullité de ses effets pour leur guérison. Aussi, des hommes d'un sens plus droit se hâtèrent-ils de moins raisonner, de mieux observer, et associèrent avec quelque pénétration l'empirisme et l'expectation.

Paracelse, ce prétendu réformateur, qui, méprisant

la médecine des anciens , prétend arriver à l'omniscience
par une inspiration divine , ci te avec orgueil les expériences de l'alchimie. Ses pensées sont un mélange con-
tinuel de magie et de chiromancie; il pense tout tirer de
sa propre expérience et n'obéit qu'aux chimères puériles
d'une imagination qui s'égare. Malgré son ignorance et ses
erreurs, il obtint le triomphe qu'ont parfois de nos jours
les charlatans sur les princes eux-mêmes de la science, et
exerça sur son siècle, sans qu'on puisse en comprendre le
motif, une influence immense, et je suis vraiment surpris de voir un de nos plus habiles et plus savants confrères le considérer dans son admiration comme le digne
précurseur de François Bacon. Tout en pensant qu'on
pouvait guérir certaines maladies, par des caractères sym-
boliques et cabalistiques, il introduit, un des premiers,
dans l'organisme, des préparations chimiques qui, jusqu'à
lui , étaient presque exclusivement demeurées dans le
domaine de la médecine externe. Il proclame l'entité,
et qualifie d'humoristes les disciples de Galien, d'Hippocrate et d'Avicenne. Paracelse reconnaît ou suppose
une matière sublime, déliée, qui préside à la cure
de toutes les maladies; il imagine la pierre philoso-
phale. Il attache, mais faiblement, son nom à la chirurgie, et devient une autorité en Allemagne parmi les
Rose-Croix.

Van Helmont, qui prélude au vitalisme, fait surtout   L'an 1620.

connaître la puissance du système épigastrique ; il donne
pour cause aux actes organiques et aux maladies, qui
dans sa vision sont toutes générales, le principe de l'ar-
chée, entité, qui, à l'aide du ferment, jaillit de la
matière, y développe des acides âcres, et peut aller ainsi,
par une cause externe qui excite sa colère, assouvir sa
rage sur une partie quelconque du corps, en faisant
naître en elle l'inflammation ou la maladie.

Déjà quelques effets de médecine clinique s'étaient
effectués en Italie et furent continués plus tard dans l'hôpital d'une des villes célèbres de la Hollande, lorsque
enfin les leçons au lit du malade de François de Leboë
eurent une assez grande réputation dans le nouveau
mode d'enseignement. Les théories qu'il professait le font
ranger à juste titre parmi les matérialistes dont la thérapeutique est toute entière basée sur des considérations
chimiques.

L'an 1670.

Nous pourrions encore citer, si nous n'écrivions que
l'histoire de la science pratique, plusieurs auteurs qui
appartiennent évidemment au chimisme ; mais ce que nous
avons déjà dit suffit, dans le but que nous nous sommes
proposé, pour fixer, dans ces temps déjà loin de nous,
et l'état des connaissances médicales, et par suite la nature
du mouvement intellectuel qui s'opérait. Si maintenant
nous désirions trouver la cause de la direction de l'esprit
humain, nous ne tarderions pas à nous convaincre qu'elle

réside toute entière dans la doctrine des descendants de
Bacon en Angleterre, et des sucesseurs de Descartes en
France. Mais les principes différents ou opposés de ces
philosophes entre eux développaient dans les médecins,
tantôt une tendance unique et marquée, soit vers le spiritualisme, soit vers le matérialisme, tantôt une tendance
mixte qui, dans le même cerveau, tenait de l'une et de
l'autre de ces deux conceptions fondamentales, qu'on retrouve présidant à tous les travaux scientifiques qui nous
sont parvenus.

A la théorie vague des humeurs, de laquelle nous venons de donner un aperçu, succède la médecine purement mécanique et solidiste. Dans celle-ci, le corps de
l'homme devient une véritable machine soumise aux lois
de l'hydraulique et de la physique, que les mathématiques avaient perfectionnées dans l'instruction publique.
Si les connaissances anatomiques acquises à la fin du
xve et dans le xvie siècle avaient développé d'une manière
remarquable cette branche de notre art, il restait presque
tout à faire à la physiologie expérimentale.

L'infortuné Michel Servet, brûlé en Suisse comme anti-
trinitaire par les ordres de Calvin, avait soupçonné sur
les phénomènes de la circulation et sur son existence
elle-même, des faits dont l'exactitude est démontrée plus
tard par Harvey. Cette découverte précieuse fait une ré-   L'an 1660.
volution complète dans les idées des anciens et de Galien

surtout, accréditées jusqu'à cette époque. On voit enfin paraître les filtrations des organes sécréteurs, et, en descendant ainsi à des explications si minutieuses, si infimes, on aboutissait nécessairement à des conséquences tout aussi obscures que le problème lui-même dont on cherchait vainement la solution.

Au milieu de ces hypothèses nombreuses et variées, de ces vains mais louables efforts de la pensée humaine, on trouve sur son chemin quelques noms célèbres que nous ne pouvons passer sous silence, et qui, chacun dans leur genre, ont acquis une juste renommée : Sydenham et Baglivi, Hoffmann et Boerhaave : le premier plus humoriste, le second plus mécanicien. Mais si nous examinons attentivement la conduite de ces deux médecins au lit du malade, c'est-à-dire au point de vue pratique, nous découvrirons facilement qu'ils ne sont nulleles esclaves de leur théorie, et qu'ils se montrent plus judicieux observateurs des phénomènes anormaux de la nature vivante que ne sembleraient tout d'abord l'annoncer leurs écrits et les systèmes obscurs qui dominaient la fin du xvie siècle : telle est sans doute la raison de l'estime et de la confiance générale dont on les honorait.

L'an 1750.

Frédéric Hoffmann penche vers la théorie des mécaniciens. Plus observateur que dialecticien, le doyen de l'université de Halle avait acquis, comme praticien, une de

ces réputations européennes qui se montrent parfois peu
en harmonie avec le mérite de celui qui en est l'objet.
Certes, celui dont nous parlons pouvait, dans le poste
élevé qu'il occupait, s'être rendu digne du beau témoignage que lui rendaient ses contemporains, ses confrères
eux-mêmes ; mais, en consultant ses œuvres, on n'y découvre pas les traces d'un génie tellement supérieur qu'il
puisse rendre compte d'une telle célébrité. Il n'invente
rien, et ne met pas toujours fidèlement à exécution,
dans sa marche éclectique, les préceptes qu'il formule
avec sagesse et vérité.

Le savant professeur de Leyde appartient encore au matérialisme ; il est aussi mécanicien éclectique. Plus logique
que ses prédécesseurs, il se laisse peut-être entraîner
un peu loin par une tendance trop raisonneuse, et applique surtout son esprit à la médecine spéculative, au détriment de la médecine pratique. Sa trop grande érudition est peut-être la cause de cet écart ; elle l'entraîne à
l'explication de choses inexplicables, ou plutôt inadmissi-
bles, et qu'une expérience assez directe ne peut confir-
mer ; au reste, fussent-elles suffisamment constatées, elles
deviendraient inutiles à l'intérêt de l'humanité et seraient
peu favorables à celui de la science.

J'observe, en passant, que je me tiens à dessein dans
les généralités : une œuvre de cette nature ne comporte
pas les détails ; pour peu que je voulusse mettre le pied

sur ce terrain, je manquerais complètement le but que je me suis proposé, car je ferais, dans ce cas, l'histoire pure et simple de la médecine elle-même. Pour remplir enfin convenablement et fidèlement le cadre que je me suis tracé, plusieurs volumes deviendraient nécessaires, et ce long travail serait aussi peu en harmonie avec mon pouvoir qu'avec ma volonté. Je cherche, dans cet aperçu, aussi concis que possible, à concilier trois qualités indispensables au résultat que je veux atteindre : la simplicité, la clarté, la vérité. J'écris plutôt pour les personnes étrangères à notre art que pour des médecins auxquels cette esquisse philosophique ne peut que rappeler des souvenirs.

Au milieu de l'enthousiasme produit par les doctrines des humoristes et des solidistes, se présente un observateur profond qui fixe plus particulièrement son attention sur la partie morale de l'homme, et proclame que l'organisme ou l'être vivant est régi par des lois spéciales et qu'on a surtout voulu jusqu'ici lui faire subir celles des corps inertes. La cause active ou l'âme agit par l'intermédiaire d'une puissance qu'il appelle force tonique. Mais cet auteur paraît ne se servir de ce mot que pour exprimer l'action elle-même. La partie immatérielle est seule efficiente dans la production et dans la guérison des maladies; on conçoit dès-lors que, pour rétablir l'équilibre et faire renaître l'harmonie, la médecine contemplative a dû être employée. Si Stahl avait laissé à la matière les prérogatives dont on ne peut la déposséder sans tomber dans l'exagération et dans le faux, s'il avait voulu tenir compte de l'influence des agents qui sont hors de nous, qui nous touchent, et leur attribuer le rôle qu'ils doivent nécessairement jouer dans l'appréciation des développements morbides, j'avoue que la théorie de l'animisme aurait, pour moi, la préférence sur celles qui l'ont précédée. Je dois concevoir dès-lors, sans peine, que, malgré cette lacune, cet habile et zélé professeur ait, pendant près d'un demi-siècle, fait l'admiration de ses auditeurs et de ses collègues. Mais les études anatomiques et anatomo-pathologiques n'étaient point encore assez avancées, pour rencontrer, à cette époque, le complément qui serait de nature à satisfaire nos exigences.

Nous remarquons jusqu'ici une oscillation continuelle, et sans avantage bien marqué, entre l'esprit et la matière, dualité vivante, symbole de notre nature; mais la fin du moyen-âge, malgré les stahliens, qui décrivent d'une manière plus exacte qu'on ne l'avait fait avant eux l'influence du moral sur le physique de l'homme, et dont la pratique est surtout timide et expectante, va néanmoins relever l'organisme, qui sera, désormais, la doctrine dominante. Cette doctrine passera, il est vrai, par des phases nombreuses et variées, elle subira des modifications infinies, quelquefois même, pour ainsi dire, insaisissables; mais elle arrivera jusqu'à nous, en fournissant des explications nouvelles sur les causes, le siége et la nature des maladies.

Ainsi, le principe de la tonicité des vaisseaux modifiera d'abord l'opinion harveienne sur la circulation : plus tard, cette doctrine invoquera le secours de la dynamique, pour tout réduire, en quelque sorte, au mouvement, ou admettre l'existence d'une force organique générale et différente du fluide nerveux, qu'on appellera spasmes, mouvements vitaux, etc. ; dans les nerfs résideront toutes les maladies.

L'àme deviendra double, immatérielle et végétative ; la première présidera directement aux contractions provoquées par les agents extérieurs ou déterminées par la seule impulsion de la volonté. La seconde qui, en d'autres termes, est le principe vital, commandera aux actes physiologiques, au travail intérieur et caché des appareils auxquels la première doit rester étrangère, puisqu'elle n'en a pas conscience ; les liquides seront pourtant soumis à une loi attractive indépendante de ces deux causes.

Dans ces diverses théories, au milieu de ces considérations subtiles, parmi ces combinaisons rêveuses et tiraillées, l'étude matérielle de l'homme, dont Stahl n'avait pas assez tenu compte, s'agrandit, s'étend, vient s'ajouter de nouveau au vitalisme pour enfanter l'école de Barthez (1773).

Le célèbre médecin de Montpellier base toute sa doctrine sur une conception trinaire. Pour lui, on trouve
dans l'homme trois choses : l'âme, le principe vital et la
matière inerte. On voit très-clairement, si on jette un
coup-d'œil rétrospectif sur les différents systèmes qui déjà
ont été proposés par quelques philosophes, que celui que
nous examinons est encore la réunion de l'animisme, de
l'âme sensitive des anciens et des archées de Van Helmont,
qui, chacune dans leur département, présidaient aux
fonctions qu'elles étaient chargées d'accomplir.

De cette manière d'envisager l'être, découle naturellement, forcément, la signification qu'il faut attribuer aux
phénomènes de la physiologie comme aux faits pathologiques. Suivant cette hypothèse coordonnatrice de toutes
les divisions de la nature de l'homme, il ne saurait y
avoir que des maladies générales.

Lorsqu'on y réfléchit avec attention, on voit bientôt
que le fondateur, ou plutôt l'éloquent interprète de cette
doctrine, a reculé devant l'abîme infranchissable, pour la
raison, de l'alliance des deux natures. Mais en admettant
un principe nouveau, un élément étranger, qui accepte
la responsabilité des actes physiologiques et pathologiques, il affaiblit évidemment l'unité, il établit une indépendance nuisible et détruit la solidarité dans l'être complexe qu'il imagine. En se séparant ainsi, en quelque
sorte, de l'organisation, à laquelle il donne un rôle entiè-

4

rement secondaire pour concentrer toute son attention
sur un principe supposé qui, à son point de vue, a le
double pouvoir de produire et de détruire le mal, il
exclut pour toujours la particularisation et demeure dans
un vague désespérant. Cet être de nouvelle création, qu'il
ne peut définir lui-même, sur l'existence et sur la nature
duquel il ne peut avoir qu'une idée confuse, lui devient
pourtant indispensable pour l'explication qu'il cherche;
il l'adopte avec enthousiasme et en devient l'habile dé-
fenseur. Il ne s'aperçoit cependant pas, dans son égare-
ment, que ce rêve intellectuel complique la question
sans l'éclairer.

Depuis quand l'homme, dans son orgueil, a-t-il la prétention d'expliquer ce que la Providence a placé hors de
la sphère de son entendement? Il ne sait pas pourquoi
deux gouttes d'eau se joignent à distance; il ignore et
ignorera toujours comment il remue un seul de ses doigts,
et il ose descendre dans les profondeurs mêmes de l'organisation, pour y chercher la cause de ce travail admirable, de cette merveilleuse harmonie! Il est de ces
mystères impénétrables à la faiblesse humaine devant lesquels la raison la plus forte doit humblement s'incliner:
une docte ignorance est notre unique apanage; elle
seule sait fixer les véritables limites de l'intelligence et
réprimer les mouvements d'une vaine et inutile curiosité.
L'auteur de toutes choses a-t-il pu, a-t-il dû révéler à sa

créature tous les secrets de son immense et infinie puissance ?.....

Nous reviendrons plus tard sur la théorie du vitalisme,
et nous discuterons succinctement la valeur du principe
de vie ; nous disons seulement ici, par avance et en passant, qu'il est esprit ou corps, ou enfin un simple attri-
but de la matière.

S'il est esprit, il confond ses prérogatives avec celles
de l'intelligence elle-même, et devient inutile pour l'explication et la compréhension des phénomènes qui nous
occupent. S'il est corps, il ne sera pas plus apte que les
organes eux-mêmes à diriger leurs propres fonctions.
S'il est une simple modalité de la matière, il n'est que
l'acte lui-même, et on ne peut l'en séparer, puisqu'il devient ainsi une des propriétés inhérentes à son
essence, comme la longueur, la largeur, la pesanteur.
Ce ne sera plus donc qu'un mouvement continu, communiqué par Dieu même, et entretenu par la portion
immatérielle de nous-mêmes, sous la direction de laquelle nous le plaçons. Qui nous prouvera qu'il n'en est
point ainsi ? qui nous démontrera que la conscience de
l'acte qui s'exécute n'existe pas, et exclut par conséquent
la possibilité d'établir une relation de cause à effet entre
l'intellect et les organes ? Personne assurément. Nous
attaquerons plus tard, je le répète, ces difficultés, lorsque nous analyserons les deux conceptions fondamenta-

les qui dominent tous les systèmes, toutes les doctrines médicales.

Après Barthez, la physique et les mathématiques continuent d'imprimer leur caractère au travail intellectuel qui s'effectue avec une grande activité dans tous les ateliers de la science.

Aussi, les rêves de la médecine ancienne et du moyen-âge vont presque complètement disparaître, si j'en excepte pourtant l'observation si judicieuse, si remarquable du vieillard de Cos, que rien ne saurait détruire, parce qu'elle puise, avec vérité, ses éléments dans une nature qui est encore aujourd'hui celle que nous examinons. Les mots ont pu changer, les formes ont pu varier, quelques affections nouvelles ont pu s'introduire parmi nous, mais les choses et le fond sont restés les mêmes. Aussi, dans ces modifications apportées par le temps et les mœurs, nous retrouvons la justesse des grands principes posés par Hippocrate. Mais le langage, plus en harmonie avec les progrès civilisateurs, sera moins mystique; il exprimera, d'une manière plus intelligible, plus sensible, des phénomènes plus rationnels et plus logiques, quoique entachés encore, dans leur explication, de vices et d'erreurs, comme tout ce qui est humain.

Haller, qui résume toutes les connaissances, qui classe tous les matériaux, sans faire un corps de doctrine, enregistre des faits utiles et précieux pour ceux qui viendront après lui. Il donne aux muscles l'irritabilité, aux nerfs la sensibilité; mais il préfère admettre un fluide transmis qu'un ébranlement communiqué.

Chaque organe est irritable, ou, pour parler plus clairement, répond à un stimulus particulier. Il transforme donc, dans son esprit, le principe vital en fluide nerveux, qu'il considère comme la véritable source de tous les actes organiques.

Selon Bordeu, qui occupe une position mixte entre l'humorisme et le solidisme, les nerfs possèdent aussi la vie au plus haut degré : tous les organes sentent et se meuvent sous l'influence des causes externes ou d'*agents vitaux*. L'organisation matérielle de l'homme a une vie propre qui tient à la disposition même de la matière qui la compose. Ce médecin s'occupe si activement du physique de l'homme, il subalternise tellement l'intelligence, qu'il paraît attribuer exclusivement tous les phénomènes de la vie à des sensations et à des réactions. Le caractère de sa philosophie ne saurait être douteux.

Cullen, tout en recherchant la cause de l'irritabilité qui base aussi sa doctrine, hésite entre le fluide nerveux et l'humeur sanguine : il ne sait àuquel de ces deux principes il doit accorder la priorité; on le voit pourtant fixer, d'une manière toute spéciale, son attention sur le système nerveux, dans l'explication des phénomè-

nes morbides et dans l'examen des actes physiologiques.
C'est sous l'empire de ce dernier système, pour lequel
il laisse voir sa préférence, que la chaleur se produit et
que les humeurs se mèlent et circulent dans l'économie.
Cet auteur, d'un esprit sérieux, pénétrant et circonspect,
justifie les qualités que nous accordons à son intelligence,
non-seulement dans les recherches auxquelles il se livre
sur la génération du mal, mais surtout dans ses appréciations thérapeutiques. Il se montre, avant tout, habile
observateur et médecin très-loyal dans sa pratique : on
le voit plus désireux de trouver la vérité que d'établir sa
réputation; c'est à nos yeux un mérite réel et qui le place
bien haut dans notre estime : nous serions heureux de
pouvoir étendre cet éloge à la généralité des praticiens.

L'an 1780. Nous rencontrons sur notre chemin Jean Brown,
ami d'abord de Cullen et son élève, puis son plus mor-
tel ennemi et son rival le plus redoutable : ils appar-
tenaient tous les deux à l'université d'Edimbourg. Ce
novateur enthousiaste et dédaigneux n'a foi qu'en ses
opinions et en ses œuvres. Il use des faveurs et du
bénéfice d'un génie d'emprunt, se laisse dominer par
des sentiments peu dignes du caractère dont il est revêtu; après avoir prouvé en Ecosse qu'il n'avait pas
de cœur, il va porter chez les Anglais une vilaine âme
et un corps usé, presque dans la force de l'âge, par
toute espèce d'excès.

Mais laissons là l'histoire de l'homme, et voyons sa doctrine.

Pour lui, l'incitabilité, provenant d'un stimulus général ou local, externe ou interne, est le caractère propre qui distingue la nature vivante de la nature morte. Les organes ont besoin, pour fonctionner, d'être légèrement et continuellement stimulés; c'est ce qu'il nomme l'excitement, dont le degré exprime la santé ou la maladie, suivant son intensité. Ce médecin, qui naguère encore faisait école en France, et était devenu chef de secte en Italie, précède et inspire, en quelque sorte, les conceptions, et guide, dans ses recherches, le grand novateur moderne, qui, bientôt, va paraître sur la scène du monde médical et abriter à l'ombre de son génie, pour les absorber dans ses idées, tous les hommes éminents qui le combattront plus tard, mais qui, tous, ou presque tous, pratiqueront, sinon exclusivement, du moins en partie, ses séduisantes doctrines. Les tendances vers le matérialisme pur sont si marquées, qu'on n'ose plus s'avouer vitaliste : une partie des sectateurs de cette brillante école du Midi, à laquelle Lordat prête l'appui de son expérience et de son talent, se déguise sous un masque nouveau, afin de ne pas abandonner le champ fertile dont elle a pris possession, et qui seul, d'après eux, développe le germe de la vérité. Mais l'esprit humain a soif plus que jamais de connaissances positives. Tous les travaux, toutes les découvertes qui vont s'opérer sur le corps de l'homme, porteront le cachet de la prédominance matérialiste. On s'imagine que le scalpel suffit pour réaliser toutes les espérances, et l'on interroge la mort pour expliquer la vie.

La philosophie du xviiie siècle, qui poussait vigoureusement la société toute entière à une réforme radicale, devait entraîner la médecine dans ce torrent régénérateur. Aussi, bientôt l'intelligence de l'homme veut s'affranchir de toute alliance avec le passé, et faire avec lui un divorce funeste pour l'avenir. Elle croit pouvoir impunément renverser et détruire l'édifice des anciens, et, sur ses ruines, en élever un plus parfait avec ses matériaux et ses propres ressources. Elle pense qu'elle doit répudier l'héritage précieux de nos pères, se sentant assez riche de ses seules lumières; et, foulant aux pieds, dans son délire, les lois établies par une longue série de siècles, elle va, dans son esprit superbe, formuler un code nouveau pour la postérité. Cet élan rapide, spontané, fera jaillir la lumière, et favorisera d'abord le progrès; mais l'exclusivisme, auquel il finit par donner naissance, devient, à son tour, nuisible à la science qu'il avait d'abord si puissamment servie. Cette tendance effrénée vers l'étude de l'organisation matérielle de l'homme, en poussant sans cesse l'intelligence qui se met à l'œuvre, sur le terrain de l'anatomie, fait briller de tout son

éclat l'académie de chirurgie. L'école de médecine elle-
même prête l'appui de son concours à cette élévation
dont elle doit recueillir sa bonne part. Ce mouvement
torrentiel entraîne tout après lui : les élèves et les professeurs se jettent avec ardeur dans la route qui s'ouvre.
Bichat devient chef d'école : il prépare et fixe déjà la   L'an 1797.
localisation dans l'étude des maladies. La chirurgie, si
longtemps retardée dans sa marche et son développement, et qui ne pouvait réellement grandir sans le
secours de l'anatomie, sans s'éclairer au flambeau des expériences cadavériques, trône plus que jamais au milieu
de la science, qu'elle finira par dominer, en complé-
tant l'éducation médicale. Dès ce moment, on ne peut
plus établir de distinction sérieuse entre la pathologie
interne et la médecine externe : il y a alliance indissoluble entre ces deux sœurs, et le même homme jouira
des deux priviléges à la fois. L'enseignement s'organise,
en effet, de manière à établir une répartition égale entre
ces deux branches de notre art, qui puisent leur sève
dans le même terrain.

La direction générale imprimée à l'intelligence, développe, dans la médecine interne, par l'anatomie pathologique, les mêmes progrès qu'elle a produits dans la
chirurgie.

Les affections morbides deviennent des lésions de tex-
ture, des altérations de fonctions soumises au grand

principe de l'irritation. Les maladies générales sont rem-
placées par des maladies d'organes, de systèmes d'organes, ou d'appareils. Cette conception définitive base la
médecine de notre époque, et la pensée de la localisation, déjà introduite dans le domaine de la pathologie,
se réalise dans la pratique. Le siége sert en général de
fondement à la création d'une nomenclature nouvelle,
et la physiologie est le point de départ de toutes les
explications qui vont se produire et retentir au sein même
de nos écoles.

L'an 1800.
Broussais.

Le célèbre professeur du Val-de-Grâce critique avec
amertume et tonne avec fureur contre les doctrines an-
ciennes : il exhale sa haine publiquement ou dans ses
écrits ; il faut que sa théorie triomphe, convaincu qu'il
est que, seule, elle est l'expression de la vérité : on
dit même qu'en passant, il menace du bâton, la Faculté
qui paraît se montrer rebelle à cette innovation, et
conserve dans son sein, comme un dépôt sacré, tous
les trésors de la science ancienne et moderne. Il coor-
donne tous les faits isolés, sa réputation grandit chaque
jour au milieu des éloges de ses partisans et de la critique de ses adversaires ; il acquiert enfin le titre mérité
de novateur, et son génie vient le placer, sans concours, dans la chaire du premier de nos amphithéâtres. Fier
de son triomphe, il va bientôt ajouter, à tous les moyens de
vulgarisation qui sont en son pouvoir, celui de sa parole

puissante, dont l'écho retentira d'une extrémité de l'Europe à l'autre. Ses nombreux disciples, plus enthousiastes encore que le maître, volent avec ardeur et sans relâche à la recherche des matériaux qui sont de nature à corroborer sa doctrine, à fortifier son édifice.

Les maladies, sans exception, ne sont que des désordres organiques, des modifications sensibles et circonscrites, que le scalpel montre à tous les yeux. Il n'existe plus de maladies essentielles, de maladies générales. Celles qui ne laissent, sur le cadavre, aucune trace appréciable de leur passage n'en sont pas moins réunies dans un même système, et sont également classées par le principe unique de l'irritation. Ce que l'on ne voit pas, ce qu'on ne découvre pas, sera rendu sensible par les découvertes ultérieures de l'anatomie, et par le perfectionnement de la chimie.

L'excitement du médecin écossais est, si je puis ainsi dire, matérialisé davantage dans la théorie de l'irritation, de l'inflammation, de Broussais. La viciation des liquides, en tant que primitive, repose, d'après lui, sur une opinion fausse et dénuée de vraisemblance : la raison ne saurait l'admettre en théorie, elle doit la repousser dans la pratique. Mais en voulant tout faire dériver d'un même principe, et arriver ainsi à l'unité, dans une science qui, en dernière analyse, se compose de faits variables à l'infini, par leur caractère, leur nature et leurs

relations parfois mensongères, il est arrivé ce qui arrive
toujours dans toutes les créations hypothétiques, à
l'homme qui se passionne, qui systématise, bon gré mal
gré, en dépit de toute résistance, qui dépasse les bornes
du vrai, ou par amour-propre, ou par excès de zèle, qui
prête de l'élasticité à ce qui n'en a pas; c'est d'élever un
édifice fragile qui ne peut subir l'épreuve du temps;
c'est de produire des discussions et des controverses qui
enfantent, dans quelques-uns le doute, dans beaucoup
d'autres la répulsion. Dans l'espèce, on ne peut contester que la médecine physiologique a fait faire un
pas immense à la science des maladies, en rectifiant
surtout quelques écarts de la médecine humorale, et en
simplifiant la thérapeutique; mais je me hâte d'ajouter
que les élèves de Broussais ont bientôt, dans leur inex-
périence, dépassé les bornes posées par le maître.

Pendant que le professeur du Val-de-Grâce dévelop-
pait en France une doctrine dont il avait peut-être puisé
les principes en Italie, un célèbre médecin de Milan,
Ratsori, s'était déjà illustré, dans ce pays, en provo-
quant un mouvement d'idées analogues, et avait déjà
rempli la Péninsule du bruit de son nom. Aujourd'hui,
pourtant, il ne reste guère au milieu de nous, du con-
tre-stimulisme, que l'introduction, dans la pratique, du
tartre stibié à haute dose. Les services signalés que nous
a rendus bien souvent cette méthode, nous la fait consi-

dérer comme une conquête très-précieuse pour la thérapeutique et pour l'humanité.

En 1834, Broussais, dont la doctrine avait fait naître un antagonisme des plus acharnés parmi la plupart
de ses collègues, comptait à peine au nombre de ses
auditeurs quelques élèves épars sur les bancs de l'école.
On ne voyait plus cette animation, ce zèle, cet enthousiasme qui l'avaient accueilli quelques années auparavant.
Cet isolement de l'illustre professeur semblait déjà annoncer son déclin : il était comme le prélude des grandes
luttes qui devaient se propager après lui, et diminuer le
fanatisme dont il avait été l'objet. Sa parole naguère si
puissante, maintenant sans écho, retentissait faiblement
sous les voûtes du sanctuaire; c'était comme la voix ex-
pirante du dernier génie qui s'éteint.

Ainsi, le XIXᵉ siècle a vu la naissance, l'apogée et le
déclin du fondateur de la doctrine physiologique.

Après lui, plus de principes généralisateurs, plus de
grandes conceptions, plus d'enfantement nouveau qui
mérite d'être enregistré au grand livre de la science de
l'homme.

Il semble que l'intelligence fatiguée se repose pour
contempler à loisir les grandes et nombreuses découvertes qui viennent de s'effectuer, afin d'en apprécier l'utilité pratique. Les savants de toutes les nuances, de toutes
les opinions, de tous les pays, de toutes les écoles,

demeurent un instant ébahis et sentent faiblir leur courage, parmi cette multitude de systèmes qui ébranlent la conviction, en découvrant leur faiblesse, et amènent le règne de la confusion.

Bientôt, cependant, on se réveille, on s'agite de nouveau, on s'efforce de sortir du doute et de l'indécision ; car, en présence des souffrances de l'humanité, l'inaction n'est pas permise : il faut qu'une sainte mission s'accomplisse.

On va donc redemander au passé ce que le présent refuse ; on puise à toutes les sources, et, protégé par les lumières de tous les temps et enhardi par sa propre expérience, on est en quelque sorte jeté, malgré soi, dans la route obligée de l'éclectisme.

Après avoir fait passer rapidement devant les yeux du lecteur toutes les phases du grand mouvement intellectuel qui s'est opéré depuis plus de deux siècles, et lui avoir montré le rôle nécessaire auquel, en dernière analyse, venait d'être condamnée la raison de l'homme, il semblerait naturel de croire qu'il a touché du doigt la barrière même de la science et qu'il vient de compléter son étude philosophique ; il n'en est point ainsi : je vois en effet surgir d'une nation voisine, terre native du spiritualisme, le dernier inventeur d'une théorie nouvelle, sur laquelle je dois dire un mot et que je livre, sans amour comme sans réflexion, au jugement de la critique.

Cette méthode consiste, pour obtenir la guérison, à administrer des substances capables de produire sur l'homme sain un état analogue à celui qu'il éprouve en état de maladie. Il faut donc que les substances mises en usage soient expérimentées avec le soin le plus minutieux. Aussi, elle décrit, avec une scrupuleuse attention, jusqu'au plus léger symptôme; puis elle adresse à chacun d'eux, individuellement et à coup sûr, un spécifique infinitésimal.

Elle déclare la guerre à tout traitement actif, énergique, préconisé, jusqu'à ce jour, par tous les grands maîtres, dans les maladies sur-aiguës : elle repousse avec dédain tout ce qui rappelle la médecine des contraires ; et, dans son grand amour de la nouveauté, Hahnemann proclame cette devise : *Similia similibus curantur.*

Cette singulière conception, adoptée par quelques hommes, à cause surtout, il faut le dire, du peu de dégoût qu'excite son traitement, de sa bizarrerie, de sa simplicité et de sa grande innocuité dans les affections chroniques, qui, par le désespoir qu'elles entraînent, forcent les malades à recourir à tous les moyens nouveaux, s'est éteinte par son impuissance même ; et c'est à peine aujourd'hui si, de loin en loin, on rencontre sur son chemin quelques-uns des apôtres de cette doctrine. Quelques écrivains ont cru reconnaître, dans ce

système, un vieux germe de vitalisme et une critique
heureuse de l'allopathie.

Quoi qu'il en soit, cette théorie rêveuse, venue d'Allemagne, exprime, à notre époque, le dernier effort de
l'esprit humain. Elle est, si je puis ainsi dire, comme le
fermoir de la science médicale.

DEUXIÈME PARTIE.

En parcourant les travaux effectués sur la science de l'homme, depuis l'apparition de la philosophie jusqu'à nos jours, en suivant dans ses relations métaphysiques la marche de l'esprit humain, nous ne pouvons méconnaître, à toutes les époques de l'histoire, et ne pas démêler au milieu de ces fréquentes et perpétuelles oscillations, parmi ces longs débats qui ont agité les savants de tous les ordres, de toutes les nations, l'influence simultanée ou alternative du spiritualisme et du matérialisme présidant à toutes les productions littéraires et scientifiques qui nous sont parvenues. Nous avons vu ces deux adversaires, constamment en présence, s'avancer dans la même voie, à travers les siècles, s'appuyant, se combattant, se modifiant, se transformant, suivant la conception actuelle qui prédominait, et selon les événements au milieu desquels elle se produisait. Aujourd'hui, c'est le spiritualisme qui devance son rival et semble devoir le vaincre; demain, l'organicisme reprend le terrain qu'il avait perdu et dépasse son anta-

goniste : on les voit aux xvi⁰ et xvii⁰ siècles marchant de front, se prendre corps à corps, et montrer une égale vigueur ; mais bientôt l'aurore renaissante de la raison , de l'observation et du progrès, termine enfin la lutte au profit de l'élément anatomique, ou du matérialisme médical.

Dans la période de fondation et le moyen-âge, il est facile de se convaincre que les idées métaphysiques absorbaient surtout l'intelligence et dirigeaient les nombreux savants qui se livraient à la recherche de la vérité. L'absence des connaissances anatomiques suffisantes devait en effet les laisser dans le champ de l'abstraction pour l'explication des phénomènes de la vie normale ou de la physiologie, et l'étude des affections morbides ou de la pathologie. Mais, à mesure que le positivisme s'introduisait par l'examen des cadavres, par les expériences sur les animaux, par les travaux d'amphithéâtre, par la clinique des hôpitaux, on dut bientôt s'apercevoir qu'en spiritualisant ainsi la nature de l'homme et celle de ses maladies, on faisait naître dans la pratique de la médecine un vague peu satisfaisant, qu'on s'opposait à toute localisation possible et qu'on nuisait au progrès ; car, enfin, le but de la science spéciale qui nous occupe et sa principale utilité est, en dernière analyse, le perfectionnement de l'art. Aussi, dans les xvi⁰ et xvii⁰ siè-cles, les recherches nécroscopiques et les belles décou-

vertes de la physiologie jetèrent une vive lumière sur
cette branche des connaissances humaines, et fixèrent
les esprits sur l'observation directe des phénomènes matériels, soit normaux, soit anormaux de l'organisation;
et c'est avec cette disposition bien tranchée, cette direction bien arrêtée, que la médecine est parvenue jusqu'à
nous et qu'elle continue de marcher dans cette voie : c'est
aussi, il faut bien le reconnaître, la véritable cause de
ses rapides progrès.

Si, maintenant que nous connaissons les deux fondements de toutes les doctrines qu'a enfantées l'intelligence
de l'homme et que nous révèle l'histoire de la médecine
toute entière, nous désirons nous faire une opinion destinée à guider notre conduite dans l'exercice profession-
nel, nous tomberons forcément dans une indécision
désespérante et d'autant plus fâcheuse, que l'expérience
seule peut la faire disparaître.

Nous ne pouvons, en effet, demeurer dans le doute,
et il semble qu'il faut se prononcer tout d'abord pour
l'une ou l'autre de ces deux théories, puisque le médecin doit agir au lit du malade, et qu'il ne peut agir
sans des principes arrêtés, sans avoir une règle de conduite quelconque.

En attendant que nous examinions d'une manière générale cette grave et importante question, nous allons
essayer de peser, à notre point de vue, la signification

spéculative et pratique de ces deux chefs principaux qui
dominent tous les systèmes intermédiaires.

Spiritualisme
- et vitalisme. Cherchons à nous rendre compte d'abord de la doctrine purement spiritualiste ou vitaliste, et recherchons
analytiquement et avec quelque réflexion la valeur de
cette première création dans son étude appliquée à la
connaissance et au traitement des maladies.

L'hypothèse spiritualiste se divise : elle ne considère
que l'esprit et le corps, c'est l'animisme ; ou l'âme, le
principe de vie et les organes, c'est le vitalisme. Elle fait
de l'homme, ou une dualité, ou une trinité vivante.
Quels sont les enseignements et quelles sont les conséquences de cette double manière d'envisager l'être dans
l'état sain et dans l'état morbide ?

Les premiers, ou les animistes, n'admettent qu'une
cause efficiente qui agit directement sur les organes, par
la volonté ; ou qui, reconnaissant l'existence des impressions communiquées par les agents externes, pensent que
l'âme est, dans ce cas, sollicitée, et qu'elle réagit ou
répond à cette sollicitation. L'esprit et la matière, quoique distincts, ne sont pas indépendants ; ils sont hiérar-
chiquement établis dans leurs rapports mutuels : l'un
commande, l'autre obéit ; l'un sollicite, l'autre réagit ;
mais l'âme est, dans toutes les circonstances et toujours,
cause efficiente.

A ce point de vue, qui nous paraît fort simple et

conforme à la véritable philosophie, il existe une liaison intime, indissoluble entre le chef et son subordonné : la raison saisit à merveille cette harmonieuse
unité.

Les seconds, ou les vitalistes, ne pouvant comprendre et par suite admettre ces deux actions ou réactions
directes, voyant les fonctions s'accomplir dans les profondeurs de l'organisme, alors que l'âme, disent-ils, n'a
pas conscience de ces mouvements intérieurs, n'ont pas
cru qu'elle pût présider à des actes qui s'exécutent à son
insu (dans le sommeil par exemple, et dans bien d'autres
circonstances qu'il serait facile d'énumérer ici); croyant
donc faire un pas immense vers la vérité, ils ont imaginé,
entre l'esprit et la matière, un principe bâtard, amphi-
bologique, qui n'est, ni métaphysique, ni sensible, ni
enfin une simple modalité de la matière, et ils l'ont
qualifié de principe vital.

L'Allemagne surtout adopta la première conception;
la France préféra la seconde. Cette dernière théorie est
fort ancienne; on la retrouve dans plusieurs écrivains du
moyen-âge et même de l'antiquité. Mais l'auteur célèbre,
le savant assez rapproché de nous, qui, le premier, l'a
nettement formulée et développée, c'est Barthez.

Ce médecin, tout en paraissant d'abord se vouer à un
scepticisme invincible sur la nature de cet hôte nouveau, indispensable selon lui à l'explication des mouve-

ments organiques intérieurs, tout en paraissant hésiter sur son existence réelle et indépendante, sans pouvoir néanmoins fixer sa nature et son essence; tout en l'appelant un être de raison lorsqu'il répond aux philosophes qui, avant lui, l'avaient regardé comme un être moyen entre le corps et l'âme, n'en laisse pas moins, dans ses écrits, percer, à chaque page, sa tendance à réaliser cette abstraction prétendue qu'il regarde évidemment comme subsistant par elle-même et entièrement étrangère à l'âme pensante.

Cette addition de cause a-t-elle porté quelque lumière dans l'étude des grands mystères de l'organisation humaine? a-t-elle simplifié le problème? a-t-elle conduit plus sûrement le praticien? a-t-elle, dans son application, favorisé le traitement et la cure des maladies? Non assurément. Nous dirons bientôt le seul bien qu'a produit cette prétendue transformation métaphysique du vitalisme substantiel. L'observation clinique et l'expérience démontrent que l'introduction du principe vital dans la science de l'homme, a fait naître une généralisation exclusive qui, dans une infinité de circonstances, mène droit à l'erreur et peut nuire à l'humanité; car étant une et indivisible de sa nature, c'est cette puissance supposée qui est souveraine dans les actes physiologiques; qui reçoit, conduit et chasse la maladie. C'est elle seule qui règne en despote dans l'organisme; elle préside à l'harmonie, comme aux désordres et aux aberrations de la vie. Ainsi,

une modification survient-elle subitement ou s'établit-elle
lentement dans les fonctions d'un appareil, c'est toujours
la cause vitale qui est chargée de diriger ces rouages, de
corriger ces discordances, d'obvier à ces inconvénients,
de régulariser le mécanisme intérieur de la machine humaine : c'est elle enfin qui fournit les indications curatives et assume la responsabilité des mouvements harmo-
niques ou incohérents qu'on observe dans notre nature, en
santé comme en maladie. Le spiritualisme et le vitalisme
renferment, selon nous, les mêmes vices dans la pratique;
mais la première de ces conceptions nous semble plus admissible encore, sinon dans l'application, du moins dans
son examen spéculatif. Son raisonnement est, non-seulement soutenable, mais il nous paraît naturel ; et, si cette
théorie n'avait point à subir le contrôle de la thérapeutique, si elle n'examinait pas l'homme médicalement, nous
n'hésiterions nullement, toujours à notre point de vue,
de lui accorder la préférence sur la seconde hypothèse qui
fait le principal sujet de cet examen : en d'autres termes, nous aimerions mieux les principes des animistes
que ceux des vitalistes. Mais si nous les comparons comme
praticiens, si nous faisons subir à l'un et à l'autre
de ces deux systèmes l'épreuve de l'expérience, au lit du
malade, nous n'hésiterons pas à dire encore une fois que
leur généralisation, comme règle de conduite, est absolument défectueuse dans la plupart des maladies.

Rien ne s'oppose, en effet, à ce que le principe immatériel, par un procédé qui nous étonne, sans doute, et
nous confond, soit mis en rapport direct avec la matière organisée, soit par l'action immédiate, soit par la
réaction, ce qui revient absolument au même pour la
difficulté qu'il s'agirait de résoudre. Ainsi, dans la simple dualité, la raison peut concevoir, sans répugnance
aucune, tous les phénomènes de la vie animale. En effet,
admettant, d'après l'opinion générale, que les centres
nerveux soient réveillés dans leur action par la volonté
ou la sensibilité, ou enfin, secondairement et comme simple réaction, par des sollicitations extérieures, il se peut
que, par suite de cette vibration, de cet ébranlement,
de cette transmission, comme on voudra l'appeler, la
partie du cerveau, où siége l'origine nerveuse nécessaire
à la transmission du mouvement ordonné ou de l'impulsion reçue, soit seule impressionnée, et que, sans intermédiaire étranger, la communication soit établie.

Quel éclaircissement porte, je vous prie, dans ces
recherches, pour le moins inutiles et qui compliquent
la question sans la résoudre, l'introduction du principe
vital dont vous ne pouvez nous indiquer la nature?
Les mêmes entraves ne se renouvellent-elles pas? Le
raisonnement que nous venons de faire ne lui serait-il
pas également applicable? Nous rendrez-vous mieux
compte, avec cet aide-de-camp, que sans lui, des mou-

vements internes qui vous occupent si fort dans vos
appréciations ? Qui communiquera à votre agent ce discernement, cette puissance, et toutes les facultés étranges
dont vous le douez ? Si c'est son essence, je le déclare
immatériel, intelligent, et je dis que c'est l'âme elle-
même. — Mais, ajoutez-vous, l'intelligence ne peut produire et diriger des actes dont elle n'a pas conscience;
or, il est clair que les fonctions intérieures s'exécutent,
sans interruption, même dans le sommeil, et sans que
l'homme s'en aperçoive; on ne peut donc mettre à la
tête de ces ateliers admirables de l'organisme, un chef
qui ne peut nous rendre compte de la nature de ces travaux : cette ignorance absolue, où nous laisse, à cet
égard, le régulateur ordinaire de nos actes et l'auteur
de nos pensées, ne démontre-t-elle pas assez que ces
mouvements intérieurs s'exécutent à son insu, et que,
par suite, il ne saurait y présider. Telle est l'idée-mère
du système encore soutenu dans l'une de nos Facultés.
Voici ma réponse : elle repose sur une observation très-
simple et presque vulgaire; mais je la crois décisive; elle
détruit le principe même de cette croyance, et, du même
coup, elle ébranle toute la doctrine.

Je demande quelle est, dans l'homme en santé, la puissance qui préside à ses mouvements ordinaires. Tous les
physiologistes au moins s'accorderont à dire, je l'espère,
c'est évidemment la volonté. Si la volonté peut seule

faire mouvoir nos leviers, et qu'il y ait uniformité d'opinions à cet égard, j'adresse cette seconde question aux
vitalistes : Dites-moi, lorsque vous vous réveillez, vous
trouvez-vous toujours dans la position que vous aviez
prise au moment du sommeil ? Non, évidemment. Vous
avez donc exécuté des mouvements, et des mouvements
quelquefois très-variés et même très-étendus. Pourriez-
vous, à votre réveil, alors que votre mémoire est toute
fraîche, me raconter ces divers déplacements, ces divers
mouvements ? en avez-vous conscience ? Votre réponse
ne saurait être douteuse : cependant vous savez que la
volonté seule peut y présider ; car ils ne sauraient être
l'effet d'une autre cause, d'où que vienne l'occasion qui
les excite, qu'elle soit interne ou externe ; car je n'en-
tends parler ici que de la cause efficiente ; et lors même
que vous m'objecteriez que c'est par ressouvenance et par
habitude qu'ils sont involontairement produits, vous ne
résoudriez pas la difficulté. Donc, de ce que l'intelligence qui les effectue n'en a pas conscience, ce ne peut
être un motif d'affirmer qu'elle ne les a pas produits ;
donc, enfin, de ce qu'elle n'a pas conscience des mouvements intérieurs organiques, ce ne peut être, et par
les mêmes motifs, une raison d'assurer qu'elle ne les
dirige pas. Votre principe, vous le voyez, complique
inutilement l'étude de l'homme.

Il est aussi difficile, je le reconnais, d'expliquer l'action de l'âme sur la matière, que celle du principe de vie sur nos organes : ainsi, en supprimant cet être imaginaire, je n'affaiblis pas la difficulté, mais je n'en fais pas naître une nouvelle. C'est, en effet, contre l'union intime des deux substances que sont venus constamment se briser, sans fruit, les efforts nombreux et réitérés des philosophes de tous les temps.

La nature a établi des lois qu'elle n'a pas jugé à propos de nous révéler, et que très-certainement la faiblesse de notre esprit ne découvrira jamais. Nous sommes avides de tout connaître, de tout expliquer : c'est même là un des caractères dominants de notre époque. Nous allons jusqu'à sonder les profondeurs de l'organisation matérielle de l'homme; mais, au-delà de certaines limites, tout fuit, tout nous échappe. Il ne nous est donné, dit Pascal, que d'apercevoir les apparences des choses; nous ne saurions en saisir, ni le principe, ni la fin. Je ne veux pas effacer de l'esprit humain le noble désir de s'instruire et me faire l'apôtre de l'ignorance; mais je voudrais qu'on sût borner ce désir et le restreindre dans les bornes mêmes de sa puissance : la vraie philosophie est de savoir s'arrêter où il faut et quand il faut. Le champ à défricher, et qu'il nous est donné de parcourir, est bien assez vaste, pour qu'il soit inutile et qu'il puisse devenir dangereux de nous jeter dans les espaces imaginaires où la faiblesse de nos lumières ne peut que nous égarer

et nous perdre. Nous savons que l'homme a deux natures, nous devons du moins le penser ; nous savons ou
nous devons croire qu'il est esprit et corps : rien ne
saurait affaiblir en nous cette croyance ; nous savons
aussi que, dans son étude, cette division est utile et
indispensable dans la science spéculative, pour obtenir
sur chacune d'elles une notion aussi complète que possible, mais qu'elle est nuisible dans la science pratique
qui nous occupe, lorsqu'on veut rechercher la prédominance de l'une sur l'autre. Elle a jeté les médecins philosophes dans un dédale inextricable, elle a donné naissance
aux divagations les plus étranges, elle a créé des théories qui ont enrayé ou faussé sa marche, elle a reculé
sans cesse le but humanitaire qu'elle a pour dernière
mission d'atteindre. En voulant à tout prix expliquer le
travail intérieur de notre organisation, en s'efforçant de
rendre compte du jeu de cette machine mystérieuse, on
a multiplié, sans fin, les causes de son mouvement ; on l'a
examinée pièce à pièce, et on s'est aperçu fort tard que
nos sens et notre raison ne pouvaient saisir que les parties
matérielles de l'être. Les éléments nécessaires à nos appréciations sont si fragiles, si imparfaits, que nous devons
renoncer à ces prétentions orgueilleuses, qui, loin d'élever
et d'agrandir notre intelligence, sont un motif de plus d'en
faire ressortir toute la faiblesse, toute l'impuissance.

Quelques partisans du vitalisme ont si bien senti le

vice de cette doctrine, qu'ils s'y prennent de toutes les manières pour annihiler cet être imaginaire, tout en paraissant néanmoins vouloir conserver intacte l'intégrité de ses dogmes. Ils disent que le principe vital répand dans le langage une grande obscurité, qu'il détourne l'attention de l'observation des phénomènes et de leur comparaison analytique : ils proposent de substituer à cette expression celle de *force vitale*, et même, ajoutent-ils, en se servant de celle-ci le moins possible, et en se contentant d'indiquer les différents genres des phénomènes vitaux : on ne veut pas qu'on emploie cette locution comme un moyen d'explication, mais seulement comme une pure abstraction propre à classer tous les actes organiques ; car la force, en général, n'est que l'action elle-même considérée dans sa plus grande pureté et dans le simple principe de causalité ; car, s'il existe une vérité logique, incontestable, c'est qu'il n'y a pas d'effet sans cause (1).

L'auteur, qui s'exprime ainsi, veut donc qu'on se serve du mot *force*, précisément parce qu'il ne désigne pas une substance particulière, un être spécial, mais parce qu'il se confond avec l'acte lui-même ou avec l'organe en action. Il paraît ne pas s'apercevoir qu'il restera toujours à rechercher la cause première de cette force, et que son raisonnement ne tend à rien moins

(1) Bérard.

qu'à saper, dans sa base même, l'édifice du vitalisme.
Ainsi compris, en effet, il ne reste de cette doctrine qu'une
dénomination abstraite et nécessaire au besoin du langage. Par respect pour Barthez, on n'a pas osé dire la
chose ; mais pour nous , et dans la pensée de l'écrivain
que nous venons de citer , cette conclusion ne saurait être
plus évidente. Néanmoins, le pricipe vital une fois détruit
comme agent distinct et indépendant, et à part le rôle
qui lui est attribué , on ne peut se refuser à dire que la
doctrine de Barthez rend , dans la pratique, un immense
service dans la plupart des maladies générales et même
dans quelques maladies locales , en substituant d'abord
un langage plus exact et plus philosophique aux axiomes
vagues de l'ancienne médecine, et puis, surtout, en
guidant plus sûrement la conduite du médecin par le
classement de méthodes curatives , non exemptes de
défauts , mais remplies de vues lumineuses et fécondes.
Les grands travaux du savant professeur de Montpellier
auraient eu un retentissement bien différent ; et auraient
surtout exercé une bien autre influence sur la médecine
en France , sans les profondes perturbations politiques
et les troubles sanglants qui , à cette époque terrible de
nos annales, absorbaient les esprits et s'opposaient à toute
préoccupation scientifique. Aussi , la gloire de Barthez
doit-elle son vif éclat plutôt à ses descendants qu'à ses
contemporains.

Si dans la physiologie nous pouvons nous rendre compte des phènomènes de la vie normale sans le secours du principe de Barthez, ne pourrons-nous pas nous en passer également dans la pathologie ?

Examinons donc, en peu de mots, ce qu'étaient, à ce point de vue, les maladies, et apprécions l'esprit général qui dirigeait leur traitement.

Le vitaliste divise les maladies en deux catégories : dans la première il classe les affections du principe actif, et dans la seconde les maladies de la matière. L'activité de l'agent supposé est l'origine la plus ordinaire des aberrations organiques; les modifications et les variétés de ses allures produisent la spécificité des états pathologiques. Les sollicitations externes sont considérées comme causes occasionnelles; c'est la cause active seule qui traduit au dehors la modification qu'elle subit. Les manifestations symptomatologiques des organes et les désordres rendus sensibles pour l'anatomie pathologique, ne sont que de simples effets particuliers qui peuvent bien réagir sur le principe vital ou sur l'esprit, mais ne renferment dans aucun cas la maladie : donc, ce qui vit en nous contient à lui seul le germe du mal.

Il résulte de cet aperçu rapide mais exact, que pour traiter les maladies, il faudrait s'adresser au principe qui seul les supporte; en d'autres termes, l'art est si faible en présence des efforts de la nature, qu'il faut la con-

duire et la diriger, mais lui confier le soin d'opérer la
cure. De là le traitement contemplatif ou expectant, du
moins pour les organes qui témoignent leur souffrance;
car il s'agit, en dernier ressort, d'employer des remèdes
destinés à provoquer dans l'organisme des changements
demeurant toujours sous la direction de l'être dont nous
ignorons la nature, et que, par suite, nous ne pouvons
qualifier; de là enfin, quelque peu active qu'elle puisse
paraître dans bien des circonstances, la médecine générale.

La grande réputation de Barthez et sa brillante pratique l'obligeaient (comme au reste tout fauteur de système qui se trouve dans le même cas) à faire, au lit du
malade, la médecine rationnelle, à suivre la nature matérielle dans ses lois, et à se soumettre à ses exigences,
tout en réservant dans ses cours l'explication systématique du résultat de son traitement.

Voilà, en quelques mots, l'idée substantielle du vitalisme ou du spiritualisme, examinés théoriquement et
comme application au corps de l'homme en santé et en
maladie.

Il existe dans cette conception un grand nombre d'espèces et de variétés, mais toutes avec le même caractère,
se rapprochant cependant plus ou moins de l'organicisme
dont nous allons nous occuper.

Matérialisme.
Organicisme.   Après avoir exposé très-sommairement les principes

généraux de la conception spiritualiste, et en avoir déduit logiquement les conséquences pratiques, nous allons suivre la même marche pour le système qui lui est diamétralement opposé.

Dans cette seconde théorie, nous nous trouvons encore forcément en présence de l'esprit et de la matière, puisque nous examinons la dualité de la nature humaine. Mais ici la question de causalité est différente : les choses sont renversées. Nous avons vu tout-à-l'heure l'esprit ou le principe de vie, doué de toutes les prérogatives, agir ou réagir, d'une manière directe et souveraine, sur l'économie corporelle. Ce rôle, maintenant, sera dévolu à la matière, qui ne sera plus l'occasion, mais la cause efficiente de tous les phénomènes observés.

Tant que ce système s'occupe des êtres inférieurs de la création qu'il soumet à la grande loi physique de l'attraction et de l'affinité, la raison est évidemment satisfaite, puisqu'il pose fidèlement les principes consacrés de nos jours, et qu'il se tient ainsi sur le véritable terrain de l'observation et de l'expérience. La cause est, dans cette division, toujours proportionnée à l'effet ; il y a entre elles corrélation parfaite, et on peut même, soit dans l'actualité, soit par prévision, les réduire aux règles rigoureuses du calcul ; mais pour que la théorie soit vraie, pour que le système soit admissible, il ne suffit pas d'embrasser une partie des corps inorganiques, il faudrait

6

que tous les êtres de la nature fussent soumis à la même loi, et que l'intelligence pût être subalternisée au point de laisser prévaloir les propriétés corporelles, afin que le corps pût recevoir l'application des principes généraux déjà établis; sans cette condition, l'unité ne saurait exister.

Aussi, à mesure que le matérialisme s'élève dans l'échelle des êtres, pour arriver jusqu'à l'homme, il montre sa faiblesse et son impuissance. Il s'embarrasse à chaque instant dans les phénomènes complexes de la vie physiologique, qui ne peuvent se plier aux règles de la matière inerte. Ce n'est plus, dans ce système, le principe actif, intelligent, qui produit et dirige, en agissant comme cause efficiente; la matière seule est réelle : c'est, dans le monde extérieur auquel tout est subordonné, le milieu qui, dans des conditions particulières et déterminées, produit les êtres, les développe et en fixe la nature et les qualités. Aussi l'anatomie, la physique, la chimie, servent exclusivement à l'étude de l'homme, et suffisent pour tout expliquer dans la matière inerte et dans la matière organisée. L'animal est formé par une collection d'êtres primitifs, travaillant et se modifiant sous l'empire d'influences et d'agents extérieurs : le plus grand nombre de fonctions et d'organes exprime le degré de perfection; aussi la multiplicité des agrégats sert de base à cette dernière appréciation. Cet accroissement anatomique et physiologique qu'on observe au plus haut degré dans l'homme, fait qu'il se trouve tout naturellement le plus complet et le premier des êtres.

Dans cette hypothèse, l'élément inerte et l'organe vivant étant soumis aux mêmes lois, les actes de l'intelligence et les mouvements des corps seront des phénomènes de passivité et de pure réaction, puisque la matière est seule efficiente. L'homme, à ce point de vue, on le comprend déjà, est entraîné forcément dans telle ou telle voie, dans le chemin du vice ou dans celui de la vertu, obéissant, en quelque sorte, non plus spontanément à sa volonté, mais à une impulsion tyrannique qu'il doit nécessairement subir. L'effet produit se proportionne à la violence de l'excitation, de l'irritation communiquée; il ne saurait librement le produire ni le diriger; il ne peut, par conséquent, devenir responsable; en d'autres termes, et pour rentrer dans notre sujet tout médical, la physiologie, l'anatomie et la psychologie sont au même niveau : elles obéissent aux mêmes règles, elles reçoivent les mêmes solutions. Ici, l'observation est celle du morcellement, de la particularisation, et, de plus, elle considère exclusivement la matière. Si l'organisation réfractaire ne répond pas à la cause sollicitatrice, la fonction qui devait être modifiée ne le sera pas : on dira qu'il n'existe pas de rapport entre les agents externes et les instruments qu'il s'agissait de mettre en jeu. A ce point de vue, que deviendront l'étiologie, la thérapeutique, l'hygiène ?... Il est facile de comprendre que, pour le matérialiste, la physiologie est à la santé, ce qu'est la maladie à l'anatomie pathologique. Tout signe, tout désordre qui ne peut trouver son explication dans l'examen cadavérique, la rencontrera infailliblement plus tard par la perfection de la science et les découvertes de l'avenir ; on ne saurait se passer de cette preuve. Tout dérangement de fonctions étant une lésion organique, les maladies qui sont le produit de ces anomalies seront toutes anatomiques, et l'affection sera toujours primitivement locale, tout en pouvant se généraliser plus tard ; mais, dans aucun cas, elle ne saurait être, tout d'abord et à son invasion, générale. Il n'y aura, par la même raison, que des agents thérapeutiques physiques, dirigés localement, ou dans le but de diminuer l'état local ; il n'existera jamais de remèdes dont l'action soit générale. Dans cette supposition enfin, la spécificité pathologique, et par suite thérapeutique, sont effacées pour toujours de la science médicale.

Tel est, d'une manière sommaire, le dernier mot de la conception matérialiste, examinée rigoureusement au point de vue théorique et pratique.

Ajoutons encore un mot pour rendre plus facilement compréhensible cet obscurantisme révoltant, et surtout cet exclusivisme si étrange dans le sujet qui nous occupe, mais qui cependant a si longtemps régné dans l'étude de notre art, et qui divise encore quelques médecins. Pour faire mieux comprendre l'importance de ce double examen, nous allons résumer et comparer les principes professés naguère encore, et aujourd'hui même peut-être en France, dans les deux Facultés de la république.

L'une, toute métaphysique, annonce que les maladies existent en germes, en virtualités, en dispositions natives dans l'organisme, bien avant de se développer, et prétend qu'entre la cause sensible et l'effet, il y a une modification spéciale, soit constitutionnelle, soit acquise, qui, seule, peut produire les états morbides. Elle attache ainsi une valeur presque exclusive à l'idiosyncrasie, mise en rapport avec les éléments externes qui ne deviennent jamais cause efficiente, mais se bornent au rôle de causes occasionnelles de toutes les affections.

Faculté
de Paris.
Faculté
de Montpellier.

Par suite de cette conception, un organe ne saurait obéir forcément, directement, à un autre organe, dans les attributs de ses opérations intérieures; mais il peut, ou non, répondre à un avertissement, à une sollicitation, pour exécuter un acte qui témoigne son concours synergique, sa sympathie. Ainsi, dans la physiologie comme dans la pathologie, la même pensée, la même façon de voir est également applicable.

L'autre école, plus observatrice, proclame au contraire que, dans l'exercice des fonctions normales, comme dans les désordres de l'économie, la vie et ses mouvements sont nécessairement produits par des stimulations, des irritations extérieures ou intérieures, et que ces deux causes, sans autre intermédiaire, sont réellement efficientes.

Cette énorme différence de causalité virtuelle et de causalité physique directe, sépare radicalement les deux écoles.

Pour l'une, la science de l'homme sain et malade fait une science à part, ayant son génie propre, ses lois particulières, et ne ressemblant en rien à celles des autres connaissances humaines : elle a son caractère distinctif qui l'affranchit des formules ordinaires, applicables à chacune d'elles en particulier. Elle ne veut rien devoir, dans son esprit de dédain, aux branches dont elle n'est que le tronc ; et cet arbre, ainsi dépourvu de ses rameaux, veut pouvoir vivre seul, de sa vie propre, sans secours et sans emprunt, craignant que tout ce qui le touche ne vienne le dessécher ou le corrompre : il lui faut enfin l'isolement et une absolue indépendance !...

Pour l'autre, les mêmes lois et leur esprit peuvent s'adapter à la médecine et la régir, et c'est donner dans de grands écarts de raison que de contester cette vérité.

Comme le premier fondement de toute science repose, en dernière analyse, sur la relation de la cause à l'effet, on conçoit que, partant de ces deux principes opposés, il devient difficile de s'entendre, et surtout de marcher, sans divisions radicales, dans la même voie.

L'école du Midi, raisonnant sans cesse sur des objets, il faut le dire, presque insaisissables par la faiblesse de l'intelligence; voulant, à tout prix, pénétrer dans les mystères impénétrables de l'organisation vivante, et expliquer, coûte que coûte, le jeu, la cause et les rapports des fonctions régulières et anormales de l'être trinaire qu'elle conçoit à sa manière, complique tellement, par ses subtilités, l'étude déjà si difficile de la médecine, elle laisse à l'esprit un tel effort à faire pour reconnaître les maladies, et surtout pour les traiter, que je crains sérieusement qu'elle ne s'embarrasse elle-même souvent au milieu de ses arguties, que la raison peut saisir jusqu'à un certain point en théorie, mais dont elle ne saurait être satisfaite dans l'application. J'ai peine à croire que ces conceptions alambiquées d'un philosophisme abstrait et presque mystique, sur la dualité du dynamisme humain, ne soient bien souvent négligées dans la pratique, par ceux-là même qui les professent avec distinction, et aussi, je le pense, avec conviction, au milieu de leurs nombreux et zélés auditeurs.

J'avoue, pour mon compte, qu'un édifice bâti au xixe siècle, avec de semblables matériaux, me paraît, au point de vue pratique, assis sur une base peu solide. L'obscurité qui l'environne me fait craindre qu'il ne

puisse conserver longtemps encore son reste d'apparente virilité, en présence d'un positivisme qui coule à
plein bord, à notre époque, de tous les cerveaux humains

Ce n'est pas un vœu que j'exprime, c'est une simple
opinion que j'émets : je ne suis partisan exclusif et dévoué d'aucun système. Je veux, j'attends, je cherche la
vérité ; je l'accepterai d'où qu'elle vienne et comment
qu'elle vienne.

Si le dogmatisme obscur de cette doctrine multiplie les
obstacles, au lieu de les diminuer, s'il empêche et retarde,
au lieu de les favoriser, les découvertes vraiment utiles
et pratiques, je me hâte d'ajouter que quelques savants
du Nord me paraissent avoir donné naissance à un incon-
vénient diamétralement opposé en principe, et pourraient bien aboutir, à peu près, par leur exclusivisme,
au même résultat dans l'application ; car, malgré quelques heureux retours vers l'humorisme et la partie morale de l'homme, malgré l'affaiblissement qu'introduit
chaque jour dans l'esprit des médecins l'observation et
l'expérience, on peut dire hardiment que l'enseignement
était naguère encore débordé par les apôtres du physiologisme, de l'anatomo-pathologisme. Ceux-ci ont voulu
arriver, dans un but louable sans doute, à des démons-
trations absolues, mathématiques et de pure statistique,
sur la nature, le siége et le traitement des maladies,

Ils divisent la médecine en théorèmes, prouvent tout par $a + b$, et quand ils ont montré le résultat de leurs prédictions, se réalisant sur les pièces d'anatomie pathologique, l'élève se retire dans la conviction qu'il est impossible d'élever la plus petite contestation sur ce qu'il vient de voir et d'entendre. Il est, non-seulement persuadé, mais certain, qu'il a le bonheur de posséder la vérité toute entière. Pour ces grands maîtres donc, l'état pathologique traduit l'affection dans sa plénitude; car elle résulte d'une simple modification, en plus ou en moins, de l'état physiologique. Le degré de l'excitement, de l'irritation, explique pour eux la santé ou la maladie : il n'y a plus que des lésions de textures, des altérations de fonctions, des dérangements d'appareils : ici, tout se rétrécit, tout se matérialise, tout se localise. Par cette création de l'unité pathologique, on simplifie tellement la thérapeutique, que les jeunes gens, qui quittent les bancs de l'école, ne se doutent nullement de toutes les difficultés qui les attendent, lorsqu'ils seront une fois livrés à leurs propres ressources, sans que l'ombre du professeur soutienne leur faiblesse, abrite leur conduite, et protége leur réputation. Ils se présentent sur le champ de bataille, pleins de zèle, d'énergie, de dévouement, et il faut le dire, pleins de confiance dans leurs forces ; mais ils ne tardent pas à reconnaître l'infidélité de l'arme qu'ils ont à la main, et qu'ils croyaient si puissante, lorsqu'ils veu-

lent s'en saisir pour combattre indistinctement tous les
ennemis qui se présentent.

Ce système, tout en favorisant la paresse, a néanmoins quelque chose de séduisant pour une raison sans
expérience. Il semble, en effet, au premier abord, que
le corps de l'homme étant un composé d'organes, fonctionnant tous en état de santé, dans une mesure et
une direction données, la maladie ne saurait être
qu'une altération, une modification morbide d'un ou
de plusieurs organes, ou un dérangement dans les fonctions d'un appareil; et lorsqu'on s'est rendu familier,
par l'anatomie et la physiologie, la connaissance de la
machine humaine, que l'on croit avoir acquis une notion
suffisante du jeu normal de toutes les parties qui la
composent, on doit être convaincu qu'il ne reste qu'à
faire, dans sa pratique à la pathologie, l'application
méthodique et réfléchie de tous ces préceptes théoriques.
Mais il n'en est plus ainsi : bien que la nature n'ait pas
changé, il semble qu'on ne voit plus de même ; on rencontre des désappointements à chaque pas : les maladies,
générales dont on ne peut fixer le siége, se présentent en
foule, les complications arrivent, les circonstances imprévues sont nombreuses, les tableaux ne sont plus aussi
parfaits qu'on les a conçus, on n'observe pas deux affections du même nom, avec des signes identiques, chez
la même personne..... Alors l'indécision se manifeste,

le traitement participe de cette disposition embarrassée de l'esprit, et les insuccès sont nombreux : dès ce moment, les yeux se dessillent; on veut voir et juger par soi-même, se rendre mieux compte de tous les événements inattendus, de toutes les variétés et modifications dont la nature se montre si prodigue; on se défie de ses forces, on se rappelle ce qu'on a vu, mais on comprend mieux encore ce que l'on voit; on devient enfin plus observateur, et on s'instruit ainsi, il m'échappe de le dire, aux dépens de la pauvre humanité!....

Ces réflexions prouvent que, tout en profitant des règles établies et des lumières de nos grands maîtres, nous devons, de plus, apporter, dans notre conduite, au lit du malade, un grand esprit de discernement; nous devons nous débarrasser de toute idée préconçue, de toute opinion systématique, arrêtée d'avance, pour nous servir au plus vite d'une froide raison, qui, seule, observe fructueusement et juge sainement.

Sans vouloir examiner à fond ces deux conceptions fondamentales, d'où découlent toutes les théories et leurs nombreuses variétés, sans désirer les faire passer dans le creuset d'une sérieuse critique, nous devons néanmoins indiquer, en passant, ce qu'elles renferment de défectueux, lorsqu'on vient à les éprouver par l'expérience et l'observation. Leur vice radical réside dans leur exclusivisme. L'homme est un tout organisé pour vivre, sentir,

Vice radical des deux doctrines.

penser et réfléchir : c'est une encyclopédie toute entière.
Dans son étude générale et purement philosophique, on
doit examiner séparément sa nature morale et sa nature
physique. La psychologie, l'anatomie, la physiologie, le
divisent et le morcellent, pour tâcher d'élucider les questions qui se rattachent aux grands mystères de son organisation, tout à la fois intellectuelle et matérielle. Mais
si l'on veut considérer l'objet de nos méditations au seul
point de vue médical, si on veut appliquer à ses souffrances les règles de notre art, nous n'hésitons pas à
dire qu'il doit être considéré, non plus isolément et
au seul point de vue moral comme chez les spiritualistes,
non plus au point de vue matériel comme chez les orga-
niciens, mais comme une harmonieuse unité. L'homme
doit être, pour le médecin praticien, je m'explique, un
être indivisible, quoique complexe, dans lequel tous les
faits observés seront locaux et généraux, intellectuels et
corporels ; mais la division de ces deux natures ne pourra
jamais fournir isolément assez de matériaux pour bâtir
une théorie spiritualiste ou matérialiste.

Cette manière de scinder l'être pour rechercher la
portion de lui-même qui a sur l'autre une entière supré-
matie, et pour lui attribuer le rôle de cause ou d'effet,
est d'autant plus erronée, que l'expérience fait voir chaque jour et dans la même affection, la cause devenant
effet, et l'effet pouvant, à son tour, devenir cause :

aussi, tous les philosophes qui ont suivi cette voie sont-ils venus se heurter contre une erreur, et ont-ils retardé les progrès de la science, tout en désirant la fonder.

L'homme, a dit M. de Bonald, est une intelligence servie par des organes. Pour comprendre sa nature et pouvoir en donner une explication rationnelle, il ne suffit donc point d'être philosophe et de l'examiner abstractivement, il faut encore connaître sa constitution physique.

Cette étude indispensable réagit nécessairement sur les connaissances psychologiques; je ne dis pas quant au fonds et à l'existence même de l'être immatériel et de ses facultés, mais quant à la compréhension des phénomènes multiples et variés dont il s'agit d'apprécier le caractère, le mode de génération et les rapports délicats, dans la vie matérielle comme dans la vie morale, dans la santé comme dans la maladie.

Si Platon, Mallebranche, et tant d'autres, étaient descendus dans les profondeurs de l'organisme, s'il leur avait été donné d'étudier la forme, la structure des différentes parties qui entrent dans la composition du corps de l'homme, d'analyser les relations et le jeu des nombreux appareils de sa machine admirable, je ne doute pas un seul instant que ces grands génies n'eussent vu se modifier, malgré eux, cette tendance exclusive et outrée vers l'idéalisme pur qui règne dans leurs écrits.

On conçoit, en effet, sans peine, que, pour avoir
une idée nette d'une chose et pour être apte à en décrire
les propriétés, il convient de chercher à la connaître
dans son intégrité, ou du moins de se servir des sens et
de la raison, pour obtenir tous les éléments capables
d'éclairer et de fortifier notre jugement ; car, si on ne
la considère pas sous toutes ses faces, si on ne l'envisage
qu'à un seul point de vue, on n'aura, évidemment, de
cette chose qu'une représentation fausse ou incomplète.
Aussi, avons-nous vu tous ceux qui, dans la science qui
nous occupe, ont voulu étudier l'une ou l'autre de nos
deux natures, sans les appuyer l'une par l'autre, se jeter
dans des divagations indicibles, et enfanter des théories
et des conceptions erronées ou ridicules.

L'histoire de tous les temps est là pour corroborer, du
poids de son témoignage, l'exactitude et la vérité de
cette assertion.

Il est, néanmoins, de sages limites dans lesquelles la
débilité de notre entendement doit nous faire rester.
Nous ne pouvons, si nous sommes de bonne foi, ne pas
reconnaître qu'il ne nous appartient pas de nous prononcer, d'une manière absolue et par la seule force de la
raison, sur une foule de questions que nous résolvons
trop souvent sans hésitation, nous faisant ainsi, dans
notre orgueil, les égaux de celui dont nous recevons nos
faibles lumières, et allant nous asseoir, dans notre éga-

rement, auprès du trône même de l'infinie perfection, de l'infinie puissance!

Prenant notre ambition ou nos vœux pour l'expression de la vérité, nous décidons en maîtres et donnons ainsi naissance à la lutte acharnée de toutes les passions que suscite un conflit fâcheux pour la science, dangereux pour l'homme et pour la société. Nous raisonnons sur toute chose avec une hardiesse sans pareille; nous sondons, à chaque pas, des profondeurs impénétrables; nous craignons de nous renfermer dans un doute prudent que commande et notre nature et celle des objets que nous considérons! Aussi, cet abus de nos facultés, cet aveuglement de nous-mêmes, nous conduit dans un abîme et nous jette dans des rêves, ou trop ennoblissants, ou trop dégradants!

L'esprit seul ne peut pas tout expliquer en médecine, la matière est inapte à rendre compte de toutes les merveilles dont nous sommes les objets ou les témoins : laissons à chacun le rôle que l'auteur de toutes choses a dû lui attribuer, et nous serons plus satisfaits de nous-mêmes et de nos conceptions; laissons à Dieu le soin de comprendre et de diriger ce que nous devons ignorer, admettons ce que nous pouvons facilement concevoir, affirmons ce que nous connaissons, recherchons ce qui nous échappe encore; mais apprenons à nous humilier en présence des profonds mystères que nous ne décou-

vrirons jamais, malgré nos vains efforts : notre intelligence a une sphère d'activité au-delà de laquelle tout
est doute, erreur ou mensonge.

Nous sommes à la fois spirituels et corporels, à en
juger par nos actes, nos mouvements, nos impressions
et nos pensées : contentons-nous d'étudier, sous toute
réserve, les attributs de ces deux substances ; admirons
leur action réciproque, mais arrêtons-nous devant le
principe qui les unit ; car il est aussi impossible de nier
son existence, que de démontrer le mode intime de cette
merveilleuse connexité. Non, la maladie n'est pas dans
l'esprit, elle n'est pas dans le principe vital, elle n'est
pas dans les organes..... elle est dans l'homme !

Si nos ancêtres avaient possédé les éléments qui sont
aujourd'hui en notre pouvoir, très-certainement ils se
seraient montrés moins exclusifs dans leurs opinions et
leurs théories : les éclairs de génie qui se révèlent dans
leurs écrits nous autorisent à penser que leur raison,
s'appuyant sur les faits, aurait modéré les élans impé-
tueux d'une imagination mobile et souveraine, pour la
circonscrire dans les bornes du vrai. Si la privation des
matériaux nécessaires les excuse d'avoir commis des
erreurs grossières, nous ne serions plus, de nos jours,
pardonnables de ne pas nous montrer plus prudents, plus
circonspects, et de nous jeter dans des écarts qu'il dépend
de nous d'éviter.

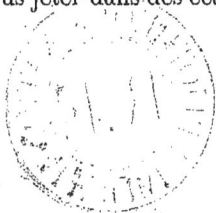

Observons donc, observons sans cesse et avec persévérance ; dérobons à la nature, lentement et avec mâ-
turité, les secrets que l'étude approfondie de ses prodiges
et de ses lois nous permet de lui arracher ; mais, jusqu'à ce que nous ayons fait jaillir la lumière, doutons
et renfermons-nous dans une docte ignorance, en con-
servant toujours le désir ardent de découvrir, par l'observation et la réflexion, la seule vérité possible, pour notre
esprit débile, pour notre faible raison.

L'homme, étudié médicalement, exige une aptitude
et une direction intellectuelle toute spéciale ; car, sans
vouloir établir une délimitation tranchée entre ses deux
natures, ce qui serait, dans l'espèce, nous l'avons déjà
dit, une faute grave, il est néanmoins très-important,
dans un intérêt humanitaire, de fixer avec précision ce
qui appartient au corps et ce qui regarde l'être immatériel. Il découle sans cesse, de ces appréciations délicates, des indications pratiques qu'il convient de saisir et
de remplir au lit du malade. Agir à propos sur le moral
de certains individus devient fréquemment une condition
essentielle de guérison ; c'est presque toute la médecine
dans les affections mentales et pour les constitutions qui
sont menacées de ce terrible fléau. C'est dans ce seul
ordre d'idées que nous nous renfermons pour rester dans
les limites de la philosophie physiologique, sans vouloir
nous élever aux sublimes considérations de la psychologie.

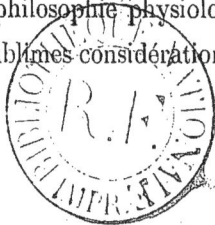

7

Depuis vingt-cinq années, j'écoute, je lis, j'observe, je réfléchis, je cherche une conception, une théorie, un système, une méthode qui renferme la solution du grand problème de l'homme en souffrance, et qui puisse me conduire sûrement dans le traitement de ses maladies. J'assiste intellectuellement, ou en personne, à tous les débats, à toutes les controverses qui agitent ou ont agité les principaux savants de tous les pays, de toutes les époques, et je conviens, à regret, mais avec sincérité, que la véritable route a été plus ou moins indiquée par quelques génies des temps anciens et modernes, mais qu'elle n'est réellement aplanie que depuis les expériences et les travaux des célébrités dont s'honore le XVIIIe et le XIXe siècle. Il faut plus que du génie pour favoriser le développement de notre art, et imprimer aux découvertes un caractère d'utilité et d'intérêt humanitaire : les qualités essentielles dont je veux parler sont, à mon sens, plus rares encore que le talent.

Je vois toutes les sciences s'enrichir de nombreuses et utiles découvertes, augmenter leur domaine de faits impérissables, et marcher, chaque jour, vers un perfectionnement durable. Si elles ont eu à subir de fréquentes métamorphoses, si elles éprouvent encore de nos jours quelques modifications, elles n'en progressent pas moins, et tout porte à croire qu'elles n'auront plus à l'avenir à éprouver de ces ébranlements radicaux qui, en dénaturant ou en changeant leur principe même, les obligeront de se reconstituer sur des bases nouvelles. Pourquoi donc la science de l'homme et de ses maladies est-elle encore si peu certaine? pourquoi sa marche est-elle obscure, indécise, chancelante? La raison de ces obstacles, de ces difficultés, de ces oscillations perpétuelles, se rencontre-t-elle dans l'intelligence des ouvriers, ou dans la nature elle-même de l'ouvrage que nous examinons?

Hâtons-nous de le reconnaître avec la franchise et l'humilité que réclame un semblable aveu, et disons notre pensée toute entière : Oui, c'est à la fois la nature même de l'objet qui nous occupe, et surtout la marche qu'a suivie l'esprit humain, dans son étude; c'est aussi la disposition morale de l'ouvrier lui-même, qui expliquent, et l'impossibilité absolue d'obtenir la certitude, et les retards qu'a éprouvés jusqu'ici le seul degré de perfection auquel, malgré nos efforts, nous puissions aspirer.

Arrêtons-nous un instant à l'examen de ces importantes questions. Raisonnant toujours au seul point de vue médical (ce qu'il ne faut jamais oublier, en lisant cet écrit), je conçois que la physique, la minéralogie, la chimie, l'astronomie elle-même, aient pu atteindre un degré de développement assez grand, pour mériter presque la qualification de sciences exactes, par la raison que, dans leur étude, les faits se présentent en personne à l'esprit et souvent aux yeux de l'observateur sur la

La médecine est une science de probabilités.

Causes du retard de ses progrès.

scène immuable de l'univers, qu'il n'a plus qu'à en étudier la nature et les rapports pour en connaître les lois.
Mais la physiologie et la thérapeutique, qui sont les véritables clés de la médecine pratique, doivent évidemment
avoir, dans leur développement, une marche plus lente
et moins assurée, malgré les expériences sans nombre et
les tâtonnements multipliés, tentés par des génies puissants, sur les animaux et sur l'homme. La raison de
cette différence capitale me paraît résider dans l'extrême
difficulté où nous sommes d'apprécier, non plus des faits
simples, sensibles et palpables, mais des phénomènes
qui sont, en quelque sorte, la réflexion plus ou moins
fidèle de mouvements inaperçus, d'actes intérieurs qui
échappent à nos sens, des fonctions enfin ou des aberrations vitales, dont on ne voit que le produit, et dont
l'admirable mécanisme sera toujours un mystère impéné-
trable à la faiblesse de la raison humaine : c'est une
inconnue qu'on ne parviendra pas à dégager.

Pour la médecine, envisagée surtout comme science
pratique, je conçois donc facilement ses lenteurs, dans
son développement progressif, ses obscurités, son incertitude, son embarras même, lorsqu'il faut que l'esprit
applique, avec précision et justesse, à des actes anormaux et pathologiques, pour les régler ou les redres-
ser, des agents dont l'analyse n'a pu révéler que les
qualités intrinsèques, et l'expérience, les propriétés mé-

dicales dont l'action est souvent douteuse, quelquefois contestée, et le plus souvent hypothétique. On comprend que la nature organisée, qui subit et témoigne de graves désordres fonctionnels, ne puisse aisément être replacée dans son état normal par un moyen thérapeutique emprunté à la matière médicale (car je considère ici surtout cet ordre de remèdes). On imagine, je pense, l'énorme difficulté de connaître l'influence absolue et directe de ces corps inertes sur l'organisme, et on sent d'autant mieux toute l'étendue de ces obstacles, lorsqu'on se rappelle qu'il existe plusieurs systèmes en présence, pour attaquer des affections variables et mobiles comme la constitution qui les supporte, et bien souvent aussi, il faut le dire, comme l'intelligence qui les observe. J'ajoute enfin, que l'aberration des fonctions vitales est, en quelque sorte, plus insaisissable, à cause de ses infinies modifications, que la nature physiologique de ces mêmes fonctions.

Nous ne saurions admettre, en effet, comme certaines doctrines exclusives, qu'il n'existe, dans ce cas, d'autre différence que celle du plus au moins : c'est là une des erreurs capitales de l'école anatomo-pathologiste. Nous le disons bien haut : il y a, en médecine, beaucoup de bonnes choses à retenir, et beaucoup à effacer de nos légendes, pour le praticien consciencieux qui observe et réfléchit sérieusement, et qui désire avec ardeur entrer dans la véritable voie.

Ainsi, la nature même de l'objet de nos études a dû retarder nécessairement les progrès de la science des maladies.

La marche qu'a suivie l'esprit humain a été la seconde cause de la lenteur de son développement. Si nous jetons un coup-d'œil sur l'histoire de la médecine, nous verrons qu'à toutes les époques, alors même qu'il existait une ignorance presqu'absolue sur l'organisation de l'homme, on a toujours eu la singulière manie des systèmes. Il fallait une vérité principe quelconque, pour lui soumettre tous les faits de détail; mais si l'intuition mentale a pu faire progresser quelques-unes de nos connaissances, elle devait nuire au perfectionnement de la médecine.

Ce vice fondamental a entraîné en effet les plus fâcheuses conséquences. On a sans cesse étudié l'homme pour la science pratique comme pour une science de pure spéculation. On l'a analysé isolément dans ses deux ou trois natures supposées : on a cherché à faire prévaloir, comme cause, l'esprit, la matière, ou le principe vital, en subordonnant tous les faits observés à l'un ou à l'autre de ces chefs, et on a par suite généralisé ou localisé toutes les maladies.

Je comprends à peine cette séparation, cette division, au point de vue médical.

L'homme est un et multiple; il existe une telle fusion entre tous les modes de l'être, sa passivité et son acti-

vité se confondent dans ses impressions et ses mouvements, de telle sorte qu'il est impossible de les disjoindre
et d'établir une ligne de démarcation assez tranchée, pour
pouvoir attribuer à chacune la part d'influence qui lui
est propre, dans la production des phénomènes morbides;
on ne peut que connaître le siége des désordres et celui
de la souffrance, car, ici, tout se lie, tout se tient,
tout s'enchaîne, et, dans cette liaison intime, dans cette
connexité profonde, on n'a plus à s'occuper, en général, que des faits sensibles, seuls saisissables par la raison
et l'expérience, et seuls profitables à l'humanité. Il existe
des affections mentales et des affections corporelles; mais
est-il, je le demande, un seul état maladif qui ne soit
plus ou moins complexe, qui n'intéresse plus ou moins
nos deux natures? et de quelque côté que vienne la
souffrance, tout notre être ne participe-t-il pas toujours,
un peu plus tôt, un peu plus tard, aux désordres dont
il est l'objet?

L'homme donc ne saurait être étudié ainsi isolément
dans la science qui nous occupe : il faut le prendre dans
les actes anormaux de l'organisme, tel qu'il s'offre à nos
regards, tel que Dieu lui-même l'a formé, c'est-à-dire,
non plus comme un être binaire ou trinaire avec prédominance d'un principe sur l'autre, mais comme une
unité renfermant la diversité. L'intelligence et les organes, les organes entre eux, tout est solidaire : c'est là

une condition nécessaire de notre existence, de notre
essence ; nous ne pouvons vivre et souffrir qu'à ce
prix.

En morcelant l'homme dans son étude, on a de plus
violé le caractère essentiel de la nature dont la loi fon-
damentale est d'être une et immuable, bien que multiple
dans ses produits et dans ses diverses manifestations. Aujourd'hui, que nous avons subi l'épuration des siècles, et
que l'expérience a fait entendre son puissant langage, nous
devons être frappés du vice radical de la méthode suivie
par les savants de toutes les époques, et nous appelons
de tous nos vœux le règne de l'unité, telle que nous la
comprenons et telle que nous avons essayé de la définir.
C'est en marchant dans cette voie simple et naturelle,
que nous poserons la science médicale sur des bases
solides et durables; c'est en bâtissant dans le terrain de
l'observation, c'est en renonçant à toutes ces explications
vaines et mensongères, que nous élèverons un monument
capable de résister à l'épreuve du temps, et que nous
doterons l'avenir de richesses impérissables. A dater de
notre époque, il y aura, je l'espère, communauté d'efforts, unité de direction, et, par suite, certitude de
progrès. Par ce moyen, la médecine se dépouillera du
manteau de l'erreur : elle se débarrassera des derniers
lambeaux de la superstition, elle déchirera le voile de cet
obscurantisme ridicule qui a fait trop souvent, sinon sa

gloire, du moins la fortune de ceux qui l'ont ainsi envisagée. Elle acquerra cette simplicité de langage et d'action, qui convient à la dignité de sa nature, à la moralité
du but philanthropique qu'elle se propose d'atteindre, je
veux dire, le soulagement de la souffrance et de l'infortune. La médecine s'harmonisera, dans de sages limites,
avec les mouvements civilisateurs accomplis. Le pédantisme mystique, dont elle a été trop longtemps escortée,
ne la rendra plus l'apanage exclusif de quelques adeptes
initiés aux mystères de sa doctrine; elle parlera la langue
commune, et les peuples seront aptes à comprendre, sinon
les grandes notions qui la dominent, et qui ne peuvent
s'acquérir sans une étude spéciale longue et difficile, du
moins les quelques faits pratiques qu'ils sont désireux de
connaître. Le charlatanisme, l'orgueil et la mauvaise foi,
que nous voudrions ne pas avoir à soupçonner dans des
hommes si élevés, feront place à des sentiments plus
nobles ; les nations en recevront des enseignements profitables, et l'humanité d'utiles et de sages conseils, de
nombreux et d'importants services.

Mais, pour obtenir ces précieux résultats, il est, outre
le zèle et la conscience des hommes chargés de concourir
à cette œuvre de régénération, d'autres conditions indispensables, sans lesquelles l'harmonie que nous désirons
ne saurait exister : je veux parler du choix des ouvriers
qui doivent travailler à ce grand édifice.

Conditions
indispensables
à l'éducation
médicale
et
professionnelle.

Une grave erreur domine encore de nos jours certains esprits. On s'imagine que la médecine est une science tellement circonscrite, et dont les connaissances sont tellement spéciales, que, dans quatre années, si on obtient un diplôme, on est apte à exercer immédiatement cette profession, et alors que, dans la science du droit, où il ne s'agit que d'intérêts secondaires, on exige trois années de stage, dans celle de la médecine, on peut, chose étrange! assumer sur sa tête, en quittant les bancs de l'école, la plus lourde de toutes les responsabilités. Il existe, en France, des localités où le praticien n'a point à s'occuper du présent : la préférence qu'on accorde toujours à la nouveauté ne lui laisse d'autre soin que la préoccupation de son avenir. Cette singulière anomalie semblerait faire croire que la puissance médicale réside, comme la force ou la mémoire, dans la jeunesse, et qu'elle va s'affaiblissant de même dans la maturité de l'âge. Nous répondons à ces esprits étroits, qu'à la science de l'homme et de ses maladies se rattache une foule de connaissances indispensables à la compréhension des phénomènes morbides, et ce n'est point un paradoxe d'avancer que la nature physique et la nature morale ne devraient avoir aucun secret, quant aux notions générales, pour l'homme qui tient à s'acquitter, avec fidélité et conscience, du grand mandat qu'il accepte vis-à-vis de la société, et pour remplir sérieusement l'en-

gagement pris avec lui-même envers l'humanité. Son intelligence doit être nourrie de bonne heure des hautes
études philosophiques, pour que sa raison se fortifie,
pour que l'habitude de la réflexion lui fasse apercevoir les
rapports immédiats ou éloignés des choses, et que ces
deux lumières de son âme se développent et grandissent
par la grandeur même des objets qui lui sont offerts;
afin que son esprit ne se traîne pas toujours, comme
instinctivement, dans les voies mal tracées, et qu'il
puisse s'élever de ses propres ailes à la hauteur des
grandes conceptions, en saisir l'élément générateur, en
apprécier toute la portée, en juger l'application, en rec-
tifier le mal, en comprendre le bien, et arriver ainsi,
en homme de science et de pratique, à l'élévation des
génies, à qui seuls il appartient, il est vrai, de créer,
mais qui seuls ne sauraient jouir du privilége de juger.

Les médecins, ainsi compris, car c'est ainsi seulement
qu'ils peuvent former une noble corporation destinée à
faire progresser leur art, possèderont le caractère qui
convient à leur position, sauront imposer à leurs semblables les sentiments qui les laissent à la hauteur que leur
fait tout aussi bien la nature de la science que celle de
leurs devoirs et de leurs droits. Avec ces qualités précieuses et indispensables de l'esprit, ils ne deviendront
plus les instruments ou les jouets de ces basses intrigues,
de ces luttes intéressées, de ces divisions mesquines et

avilissantes, de ces procédés déloyaux qui les discréditent aux yeux des hommes sages, détruisent la confiance, nuisent à leurs propres intérêts, donnent lieu à des comparaisons humiliantes, et s'opposent, avant tout, invinciblement, au bien qu'ils sont appelés à faire.

Le moraliste observateur ne peut, en effet, ne pas reconnaître que, le plus souvent, ils sont les premiers auteurs du malaise dont ils se plaignent, et qu'eux seuls doivent amoindrir ou faire disparaître.

Je peux donc ici leur adresser, dans un sens moral, cet antique adage : *Medice, cura te ipsum.*

Si l'intelligence du théoricien doit suivre la direction que nous avons tracée, et se resserrer dans les bornes que nous avons indiquées, le praticien doit, à son tour, posséder, dans l'exercice de son art, des dispositions particulières qui rendent sa mission plus noble, plus méritoire, et sa douce tâche plus sûre et plus fructueuse. Nous avons essayé déjà de laisser entrevoir le caractère que, d'après nous, la science devait revêtir, à notre époque, dans ses vues spéculatives et dans son application : ajoutons quelques mots sur les qualités indispensables que réclame la profession elle-même, dans tous les pays et chez tous les peuples.

A part les conditions générales, toujours exigibles dans les hommes qui établissent entre eux des rapports, quelle qu'en soit la nature, il faut, dans le médecin,

que le cœur et la conscience dirigent sa conduite et rè-
glent ses mouvements. La vue de la souffrance , les cris
et les gémissements de la douleur doivent éveiller dans
son âme ces sentiments naturels et sympathiques qui
attachent, émeuvent, vivifient l'intérêt, exaltent le dévouement, et disposent favorablement l'action de la
volonté. Il ne suffit pas de chercher, avec impassibilité ,
la guérison du malade , en appliquant froidement à son
état les lumières de la science : celui qui regarde son
mandat comme l'accomplissement du besoin de sa position et d'un simple devoir , ne comprend pas suffisamment les exigences de l'humanité souffrante ; il ne des-
cend pas assez dans ces détails minutieux , il n'a pas ces
attentions délicates si nécessaires au soulagement des malheureux, si utiles au succès du traitement : il faut que
tout en lui témoigne hautement la part active et sincère
qu'il prend à leurs inquiétudes et à leurs craintes. Qu'il
agisse sous le chaume ou sous les lambris, dans une éta-
ble ou dans un palais, que le malade soit couvert de
haillons ou revêtu de pourpre ;..... que sa mission soit
toujours un sacerdoce !

Quelle que soit la gravité du mal, son langage et sa
physionomie doivent porter l'empreinte du calme et de
la sérénité ; ses traits ne doivent jamais trahir l'émotion
pénible de son âme , car je ne connais pas d'œil plus
scrutateur et plus perspicace que celui d'un patient qui

veut connaître sa position , mais qui en redoute le danger.

Cette attraction morale, ces sentiments profonds de bienveillance , en tenant l'attention activement éveillée sur tous les points, seront toujours de nature à favoriser l'obtention du résultat que le médecin doit se proposer d'atteindre : cette vive sympathie dispose encore son cœur à ces affectueuses consolations, si nécessaires aux souffrances , en général , et assez puissantes sur certaines organisations timorées, pour devenir plus efficaces peut-être que les médications les mieux appropriées, mais qui, dans tous les cas, auront pour effet d'assurer tout le bien qu'on doit en attendre. Ces mouvements intérieurs et sympathiques entraînent l'abnégation de soi-même, et font tourner, au profit exclusif du malade, nos pensées, nos sentiments et nos désirs.

Telles sont, au point de vue humanitaire, les disposi-tions, que je regarde comme très-utiles au succès, dans un grand nombre de circonstances, et auxquelles j'attache toujours, pour ma part, un très-grand prix.

Je dois ajouter encore un mot sur quelques considé-rations professionnelles d'un autre ordre.

Outre l'instruction solide et le jugement droit , outre les rapports affectueux dont je viens d'exposer la nature, il est à désirer que le praticien, pour rester à la hau-teur de son noble mandat, offre d'autres conditions, moins indispensables sans doute, mais nécessaires à sa dignité.

Il faut trouver en lui la tenue, les formes, les manières agréables, cette urbanité et ce poli que donne l'éducation : on voit trop souvent des hommes capables et même très-savants, avoir des dehors repoussants, prendre des allures peu convenables, soit dans leurs gestes, soit dans leurs poses, soit dans leur mise, soit enfin dans leur langage ; on excuse souvent, dans l'intimité et dans la vie de famille, alors qu'on sait que de grandes qualités compensent certaines imperfections, ce qu'on ne passe plus au milieu des étrangers et dans la vie publique.

Lorsqu'on agit comme médecin, on est libre de se retirer, si les impolitesses ou des manquements plus graves encore y obligent; mais si on a la force de se roidir contre les injustices malheureusement trop fréquentes de nos jours; si l'intérêt pressant du malade exige impérieusement qu'on réprime ses douloureuses impressions, il convient, dès-lors, de conserver toute sa dignité, en sacrifiant à la sainteté de sa mission la susceptibilité de l'amour-propre, souvent même les atteintes involontaires portées à notre réputation.

Si des rapports entre plusieurs confrères sont établis auprès du même malade, il est désirable que, tout en manifestant sa manière de voir et ses convictions, le médecin entoure cette manifestation, devenue nécessaire

à l'intérêt de la vérité, des convenances et des égards
que commande le lieu où il se trouve, le caractère dont
il est revêtu et la nature de son mandat. L'âge, l'expérience et le savoir n'autorisent jamais le ton dogmatique
et professoral dont nous avons eu souvent à gémir au
début de notre carrière : nous blâmons, avec une égale
justice, cette morgue effrontée que communique à certains jeunes gens la haute opinion qu'ils ont d'eux-mêmes,
et que leur donnent parfois les quelques palmes recueillies
sur les bancs de l'école. L'homme vraiment instruit,
l'observateur profond, passe dans le doute et la réflexion
le temps que les rhéteurs dissipent en vaines paroles.
Celui qui, dans notre profession, affirme et affecte des
allures trop décidées, persuade peu et convainc encore
moins : quelques termes dubitatifs, mêlés à sa narration,
donneront de son savoir une opinion plus favorable, et
produiront un meilleur effet sur la disposition d'esprit,
assez ordinaire aux consultants entre eux.

Le médecin ne doit jamais se départir des sentiments
affectueux et bienveillants qu'il doit, à son tour, inspi-
rer : il doit surtout résister à cet aiguillon de l'envie qui
porte à s'élever au détriment d'autrui, soit en cherchant à briller au milieu des ignorants, par l'affecta-
tion ridicule d'un faux savoir, soit en favorisant d'un
geste ou d'un murmure, souvent plus significatif qu'une
phrase articulée, les tendances mauvaises qu'il a devinées

et qui sont de nature à jeter la défaveur sur un de ses confrères. Ne fût-il qu'honnête homme, il doit s'efforcer, dans toutes les circonstances, de détruire les impressions fâcheuses qui, le plus souvent, on le sait, prennent leurs racines plutôt dans les caprices, la malveillance, les mauvais conseils, l'amour du changement ou les fausses appréciations du vulgaire, que dans les erreurs de la médecine. Le praticien peu délicat qui, à l'aide d'une tactique que nous avons entendu qualifier d'habile, et que nous nommons dégradante, userait tacitement de son crédit, de son influence, de son âge ou de son autorité, pour chercher à éteindre une personnalité naissante, serait, à nos yeux, un misérable qu'il faudrait pouvoir flageller et flétrir, mais qu'on a toujours le droit de démasquer en le méprisant.

Si ces déplorables rivalités, trop fréquentes dans la corporation, si ces manœuvres hostiles et dangereuses, d'un égoïsme perfide, disparaissaient, si nos souhaits pouvaient s'accomplir, on verrait bientôt renaître la considération et la confiance, et la noble profession du médecin reprendrait, au milieu de ses sœurs, la place élevée qui lui appartient à tous égards, et que le demi-savoir ou le manque de dignité ont déjà depuis longtemps frappée d'un discrédit regrettable.

C'est avec peine que nous disons toutes ces choses, dont une longue expérience ne nous a que trop appris

la réalité après avoir refusé nous-même d'y ajouter foi.
Si nous les signalons à l'attention publique, c'est pour
avoir l'occasion d'exprimer le désir ardent que nous
éprouvons de les voir finir, et aussi par le besoin impé-
rieux d'en témoigner ici toute notre tristesse et notre
vive et profonde affliction !

Nous appelons, de toutes les puissances de notre âme,
le jour fortuné où les sentiments d'une conciliation franche et honorable viendront fortifier l'accord et l'harmonie
parmi des hommes dont l'union fraternelle doit amener,
pour la science, pour l'art et pour l'humanité, les plus
heureux résultats.

Nous avons indiqué déjà rapidement les causes du
retard qu'a éprouvé le développement de la science de
l'homme, et nous les avons réduites à trois chefs principaux ; essayons de rechercher maintenant quelle est,
de nos jours, sa valeur et sa puissance mises en rapport
avec l'intérêt humanitaire qu'elle a pour but final de protéger. Et, d'abord, quelle doit être la base d'une bonne
médecine? quel est son caractère à notre époque?

Valeur théorique et pratique de la médecine. Eclectisme médical. La médecine s'éloigne, par sa nature, des autres
branches de nos connaissances, et bien qu'elle ait, chaque
jour, besoin de leur concours, elle ne peut être soumise
comme elles aux lois fixes et invariables qui président
à leur formation, à leur accroissement. Dans la physique, dans la chimie, dans la minéralogie, etc., un fait

inconnu se présente à l'observation : les rapports naturels
qui existent entre ce fait et ceux qui sont déjà classés, font
qu'il a bientôt trouvé sa place ; car le principe général
qui le domine, va la lui fournir. Il sera comme un rayon
nouveau émané de la grande lumière qui préexiste à
toutes les découvertes partielles que le hasard ou la raison sont chargés d'effectuer ; c'est un anneau de plus
qui vient s'ajouter à la grande chaîne : on peut facilement saisir ce fait, car il est sensible par lui même, ou
rendu tel par les expériences auxquelles il est soumis ;
et si, d'abord, il a offert, dans son classement, quelque
obscurité, l'observation ne tarde pas à triompher de cet
obstacle, à combler cette lacune.

Mais, dans la science de l'homme, il en est tout au-
trement : quelle que soit la rectitude de l'esprit et la
sévérité du jugement, il faut subir la loi qui nous est
faite, il faut humblement courber notre tête, il faut
reconnaître notre faiblesse et notre impuissance ; il arrive
souvent que les faits ne peuvent acquérir une valeur
tellement claire, tellement significative, qu'ils puissent
naturellement venir se placer sous l'empire d'un principe
unique. Les faits transmis par l'organisation vivante
n'offrent jamais en eux-mêmes le caractère de l'intégrité,
de l'homogénéité, de l'immuabilité ; ils sont morcelés,
variables, complexes, insaisissables, et ne révèlent le
plus souvent à l'observateur le plus attentif, le plus

profond , qu'une des phases de leur existence , qu'un des
côtés de leur mode d'être ; ils se composent d'une infinité
de détails , d'une multitude de circonstances qui les
privent de toute individualité réelle et fixe , de toute
physionomie uniforme , soit qu'ils se montrent dans des
constitutions différentes , soit qu'ils se rencontrent dans la
même constitution et jusque dans le même individu.

Comment pouvoir enchaîner des faits de cette nature
à un principe général immuable? Vouloir bâtir , avec de
semblables matériaux , un système qui renferme la vérité ,
c'est folie !

Si donc une seule conception , une seule théorie ne
peut conduire à la vérité , la réunion de tous les systèmes
pourra nous aider à la découvrir. Nous devrons puiser
dans les travaux de tous les temps , prendre les matériaux fournis par la nature et recueillis par l'observation ,
et avec ces éléments nombreux et souvent disparates ,
mais dont il ne nous appartient pas de changer le caractère , nous établirons un simple rapprochement méthodique ou par familles : la médecine , pour devenir
réellement profitable à nos semblables , doit être moins
orgueilleuse et renoncer , une fois pour toutes , à ses
folles et ridicules prétentions de former un tout harmo-
nique , et soumis à une règle invariable et chimérique :
que , plus humble et plus positive , elle se contente
d'être, dans la pratique , une collection de tableaux aussi

ressemblants que possible, que l'observation esquisse,
que la raison colore, que le jugement compare, que le
souvenir conserve et que l'imagination, réglée par la
raison, reproduira avec toute la précision et la fidélité
que donne le désir ardent et consciencieux de soulager et
de faire le bien. Que notre rôle soit, vis-à-vis de la nature, celui d'un interprète habile qui donne le sens d'un
idiome étranger, qui transmet la pensée véritable de celui
qu'il cherche à faire comprendre. Etudions, observons et
comparons sans cesse : c'est ainsi que nous verrons se
développer en nous ce sentiment intérieur qu'on appelle
le tact médical, qualité rare et précieuse, qui rend à
l'humanité plus de services que les livres les mieux remplis
et les discours en apparence les plus éloquents, les
plus judicieux. Celui qui est doué de cette faculté peu
commune qui donne le pouvoir de saisir, avec justesse
et de bonne heure, le véritable caractère du mal, qui
entrevoit plutôt qu'il ne démontre sa nature, peut comprendre mieux qu'un autre, plus savant peut-être, le
traitement qui lui convient et l'appliquer à propos. Son
esprit ne quitte pas le tableau qu'il a sous les yeux pour
se reporter à la description tellement vague des auteurs,
que ces types nettement formulés peuvent s'adapter
sans peine à tous les états morbides : il consulte bien
plutôt ses souvenirs, il cherche les rapports, les analo-
gies qui unissent les faits qu'il observe à ceux qu'il a déjà

observés, et il ne tarde pas à découvrir la physionomie
de l'affection qu'il doit combattre ; celui au contraire
qui, en rhéteur habile, est plus occupé, en médecine,
du précepte que de l'exemple, est bientôt prévenu, malgré lui ; il juge mal et s'égare, tant est mobile et capricieuse la nature dans ses anomalies et ses mouvements
protéiformes !

Notre pratique, dans laquelle surtout nous puisons nos
réflexions, nous a très-rarement fait rencontrer ces types
parfaits que nous pensions, au début de notre carrière
médicale, trouver fréquemment, et dont le nom pompeux ou la place nosographique semblait devoir rendre
la physionomie si frappante : ces deux sources de lumière,
qui, au premier abord, paraissent indispensables et sans
lesquelles il semble que la science ne saurait exister,
ont été pour nous, bien souvent, deux causes d'erreur ;
aussi, nous nous hâtons de le dire, et nous le crions bien
haut, au risque d'être traité d'hérétique, toute nomenclature trop expressive, toute classification exclusive nous
paraissent de nature, dans notre art, à fausser le jugement, à conduire les praticiens inexpérimentés dans les
voies de l'erreur, et à nuire au progrès de la médecine
pratique. Les mots désignent les choses; et si les choses sont mal connues, sont environnées d'une telle obscurité qu'on ne puisse les apercevoir dans leur intégrité,
comment leur appliquer des dénominations très-signifi-

catives et caractéristiques de leur nature? Ainsi, la dési-
nence..... *ite,* introduite si ingénieusement dans la science
par l'auteur du physiologisme, que de mauvais services
n'a-t-elle pas rendus?.... Heureusement, cette nomenclature, qui renfermait toute la médecine dans l'unité
pathologique, et, malgré l'enthousiasme avec lequel on
l'accueillit à son origine, commence à perdre de ses
charmes : cette fille chérie de la fiction et du mensonge
ne sera bientôt qu'une vieille dépouille, rappelant les
vains efforts du génie, et attestant l'impuissance de créer
des systèmes durables et parfaits !

Les nomenclatures et les nosographies sont nécessaires,
sans doute, pour placer sous nos yeux l'ensemble des
connaissances positives ; mais, en médecine, ces rappro-
chements, ces relations des différentes parties qui composent la science des maladies, ne peuvent, à cause de
l'obscurité même de ces parties, de leur nature variables
et souvent trompeuses, servir à la formation de ces
méthodes philosophiques et régulières, destinées à fortifier l'intelligence, lorsqu'on peut les mettre en usage.
J'en appelle aux praticiens sérieux et réfléchis : combien
de fois ne se sont-ils pas trouvés dans l'impossibilité de
qualifier, par un mot, la nature des désordres qu'ils ob-
servaient ! combien de maladies réelles et dont le nom
nous échappe !

Celui qui crierait au paradoxe me donnerait une faible

opinion de son mérite comme observateur, car c'est la vérité que j'exprime ; aussi, moins les termes seront significatifs, plus ils conviendront en général, plus ils s'harmoniseront avec la nature même et le génie du mal. Cependant, comme il faut nécessairement un langage quelconque, afin de s'entendre et de se faire comprendre, adoptons-en un qui reste dans le vague quand les maladies sont vagues et indéterminées, et réservons des expressions plus techniques pour celles qui sont plus simples et mieux connues. Le terme générique *affection* trouvera fréquemment sa place ; il se présente naturellement et comme instinctivement sur nos lèvres dans un grand nombre de maladies, et, en y joignant certaines épithètes qualificatives d'un certain ordre, il suffira souvent aux besoins du langage.

Puisque l'homme est esprit et corps, et qu'une seule conception ne peut, envisagée exclusivement, nous conduire à la vérité, nous associerons le spiritualisme et le matérialisme, mais sans jamais attribuer, ni à l'un ni à l'autre de ces deux chefs, de supériorité absolue. Cette conduite, calquée sur la nature même de l'organisme, nous permettra de le suivre dans ses manifestations et dans ses transformations morbides avec le véritable esprit de l'observateur, et nous arriverons ainsi à justifier la maxime que nous avons pris pour devise.

En montrant que cette marche nous est impérieusement imposée par la nature de l'objet que nous examinons et par la raison elle-même, nous fixerons la valeur et la certitude de notre art, et nous montrerons, en même temps, son véritable caractère au xixe siècle.

Les anciens, dépourvus qu'ils étaient des sources où nous pouvons aujourd'hui puiser abondamment, ont dû se livrer à des efforts inouïs d'intelligence, pour nous transmettre les grands travaux qui nous sont parvenus : malgré leurs imperfections et leurs nombreux défauts, malgré les ténèbres qui les environnent, ils renferment de sages avis, de profonds enseignements : honneur donc leur soit rendu !... car ils ont produit tout ce que, humainement, ils pouvaient produire. Il est constant que, pour avancer d'un pas ferme et assuré dans la science de l'homme, il fallait mettre le pied sur le terrain de l'anatomie, de la physiologie, de l'anatomie pathologique. Aujourd'hui, que nous jouissons de ce triple bienfait, que nous sommes dotés des richesses de l'antiquité, que nous avons les savantes élucubrations des temps modernes, que les bibliothèques, les amphithéâtres, les hôpitaux abondent, que toutes les voies d'instruction nous sont ouvertes, nous avons pu par l'observation seule agrandir le champ de la science, le déblayer des matériaux inutiles ou nuisibles qu'il renfermait, et nous sommes arrivés ainsi à perfectionner le vaste édifice des connaissances humaines et à lui donner enfin son véri-

table caractère. Soyons fiers de ce triomphe ; mais que
la gloire de notre siècle rejaillisse sur ceux qui l'ont
préparé!

Pour jeter une vive lumière sur la question de l'association ou de l'éclectisme, tel que nous le comprenons et
tel que nous le pratiquons depuis vingt années, pour
faire mieux saisir son opportunité par les hommes étrangers à notre art, peut-être aussi par quelques-uns de
nos confrères, pour porter la conviction dans les esprits
les plus prévenus, je ne connais pas de meilleur moyen
que de représenter la médecine en action sur la scène
elle-même de la douleur et de la souffrance.

Exemples. Prenons au hasard quelques exemples, et nous verrons, dans cette esquisse rapide et très-incomplète, où
nous conduira l'observation franche et rigoureuse des
phénomènes morbides que nous avons à combattre.

Pour donner plus de naturel et de précision à ce récit,
je choisis dans les salles d'un hôpital les quelques cas
dont je vais donner l'analyse : ce sera donc, en quelque
sorte, une leçon clinique à laquelle on va assister.

Je prends, dans la phalange des *ites*, l'affection la plus
simple, et qui a été comme le point de départ et le
type de la médecine physiologique. Pour donner au raisonnement toute sa force, et à la vérité toute sa lumière,
je l'examine sur un individu, bien portant la veille,
dans les conditions les plus favorables à la cure et sans

complication aucune. On a deviné, je pense, qu'il va être question de la gastro-entérite aiguë.

Le traitement sera d'abord confié à un partisan exclusif du système localisateur. Évidemment, il n'éprouvera aucune difficulté pour la reconnaître et la combattre, et tout porte à croire qu'il triomphera facilement de cet ennemi.

Je veux ajouter à cette inflammation, qui n'en restera pas moins une phlegmasie pour le partisan de ce système, quelques modifications, les autres circonstances demeurant identiquement les mêmes : la langue, au lieu d'être sèche, effilée, rouge sur les bords et à sa pointe, sera seulement piquetée, plus foncée en couleur que dans l'état normal ; elle sera large et humide, mais recouverte d'un léger enduit, sale, blanchâtre ou jaunâtre : le malade aura une altération moins vive, il éprouvera des vomituritions ou des vomissements de matières verdâtres et filantes ; il existera, au lieu d'une fièvre ardente, un simple rehaussement du pouls, avec des exacerbations le soir, il y aura quelques selles et quelques douleurs abdominales ; l'épigastre sera sensible et le ventre légèrement ballonné.

Cet état, malgré ces variétés, sera traité comme le premier type, mais avec moins d'énergie peut-être, par le médecin physiologiste ; si le médecin humoriste prend sa place, fidèle aux principes de sa doctrine, il placera le siége principal de l'affection dans l'altération des li-

quides. Pour chasser les humeurs morbifiques, il ne tardera pas, ainsi que nous l'avons vu très-souvent, à se
jeter dans la classe des évacuants. Quel que soit le résultat
auquel chacun des deux arrive, il est incontestable, et
la pratique le démontre chaque jour, que la raison et
l'expérience approuvent le premier et condamnent le
second. Le succès n'est pas toujours un motif suffisant
d'approbation : nous savons tout ce qu'on peut attendre
des moyens perturbants en médecine ; nous connaissons
aussi leur danger : s'il est permis de prendre cette voie, ce
ne doit être qu'après avoir employé un traitement rationnel, et dans les cas désespérés, pour nous conformer
aux sages préceptes d'Hippocrate : « Dans les maladies
» extrêmes, il faut des remèdes extrêmes. » Le médecin
localisateur se montre, en général, très-sévère pour l'ali-
mentation dans les maladies aiguës en général et dans
celles de l'abdomen en particulier, tandis qu'on sait que
les médecins généralisateurs le sont beaucoup moins ; et
il n'est pas encore un seul praticien de cette école qui
n'autorisât, il y a peu d'années, même au début, un
bouillon toutes les quatre heures.

Sans vouloir suivre Broussais et ses disciples dans toutes leurs divagations, et surtout dans leur exclusion,
nous devons dire, pour rendre hommage à la vérité,
que cette école a rendu d'immenses services à l'humanité,
en diminuant l'emploi des purgatifs, et surtout en insis-

tant sur la privation absolue d'aliments dans les affections aiguës.

A côté de ces deux maladies, j'en vois une troisième
qui présente un de ces cas mal dessinés, incertains,
non localisables, si fréquents dans la pratique, dans
lesquels les voies digestives sont modifiées, sans être
enflammées, dans le sens qu'on doit attacher à cette
désignation. La langue est sale et comme framboisée;
la bouche est pâteuse plutôt qu'amère ; on observe la
soif ou l'absence de ce signe, des envies de vomir, des
vomissements même, quoique rares, ou seulement une
sensibilité obtuse à l'épigastre, une chaleur brûlante à la
peau qui est aride ou moite, quelques légères douleurs
dans l'abdomen, de la fièvre, des redoublements arrivant
d'une manière assez périodique, quelquefois précédés
d'un léger frisson ou d'horripilations, d'autres fois d'une
simple pâleur de la face; il existe du malaise, des inquiétudes dans les membres inférieurs; on observe le
plus souvent quelques selles diarrhéiques. L'enfance offre
fréquemment ce genre de maladies que nous caractéri-
sons de fièvre rémittente bilieuse.

Les partisans exclusifs de la médecine physiologique,
agissant toujours sous l'empire du système, et rêvant
des phlegmasies partout, seront indécis en présence d'un
état où le groupe de symptômes manque, et qui ne
paraît plus aussi nettement dessiné que les cas précé-

dents. La douleur épigastrique surtout, et la disposition piquetée qu'offre la muqueuse linguale les feront incliner vers la méthode antiphlogistique : cette indécision, jointe à un traitement trop uniforme, affaiblira le malade, retardera la guérison : le caractère typhoïde pourra, de nos jours surtout, se communiquer à l'affection jugée plutôt systématiquement que pratiquement.

Un médecin humoriste, ou même un médecin éclectique, observateur non passionné, donnera hardiment au début un éméto-cathartique, et quarante-huit heures après, le malade sera sur pied. Si le cas l'exige, il aura recours à l'anti-périodique, et par ces deux moyens combinés, la santé sera promptement rétablie.

Telle est la méthode générale indiquée par l'expérience; je ne saurais descendre dans les exceptions.

Plus loin est couchée une jeune femme qui a joui toujours d'une bonne santé, mais qui a vu, à l'âge de trente-quatre ans, se développer, sans cause appréciable, une attaque d'asthme, à la suite de la grippe non combattue. Il y a deux ans qu'elle souffre de ce mal ; il affecte une forme intermittente, bien que le rhume continue sans interruption, mais à des degrés différents.

A mon entrée, convaincu que l'essentialité n'existe plus dans les maladies; et, dans l'espèce, m'appuyant sur les observations d'hommes qui doivent être nos guides, en pareille occurrence, je porte mon attention sur le prin-

cipal organe de la circulation, et je m'efforce d'y trouver
la cause des accidents dont je suis le témoin. Mais, malgré mon désir, malgré l'habitude que donne, dans ce
genre de recherches, la longue pratique des hôpitaux,
malgré des investigations assidues et réitérées, malgré le
secours de l'auscultation et de la percussion, je ne peux
rien découvrir qui me force à adopter le principe presque exclusif posé par tous les écrivains de notre époque :
il n'y a pas de douleur dans le thorax, j'éloigne donc
aussi de mon esprit la pensée de l'angine de poitrine.
Les caractères principaux sont une toux humide et la
dyspnée : il y a une attaque tous les deux ou trois
mois ; l'hiver, le rhume est beaucoup plus intense, et la
gêne de la respiration permanente : rien n'est à noter
dans la menstruation, mais la femme perd peu. En présence de ces accidents, dont j'ignore et la cause et le
siége, j'épuise toutes les ressources de la thérapeutique ;
après avoir mis en jeu toutes celles de mon esprit, et
l'affection n'est que peu modifiée, dans sa marche, par le
sulfate de quinine.

Fatigué de cette impuissance, et voyant une malade,
jeune encore, sujette à une maladie aussi désespérante,
j'ai la pensée qu'en portant une énergique révulsion sur
le rachis, il serait possible, si la maladie est surtout
nerveuse, de la faire cesser, ou du moins de l'affaiblir.
J'exécute mon dessein, malgré la vive répugnance de la

patiente, et j'applique, dans l'espace de plusieurs mois,
dix cautères sur toute la longueur de la colonne ver-
tébrale.

Quel est mon étonnement de voir le mal s'affaiblir insensiblement, et enfin disparaître sous l'influence de cette
médication un peu hasardée sans doute et toute nouvelle,
mais que les connaissances anatomiques ont inspirée, et
qu'on ne peut, par conséquent, qualifier d'empirique;
enfin le résultat obtenu n'en est pas moins certain, et
aucun accident n'a reparu depuis dix années, malgré
que la cessation des règles soit survenue dans cet inter-
valle et que nous n'ayons eu le bénéfice d'aucune crise.

Dans une autre salle est un très-jeune enfant qui se
plaint d'une grande lassitude, d'une violente céphalal-
gie, d'une sorte de constriction au larynx : il éternue,
les yeux sont larmoyants, sa voix est enrouée, il tousse
par quintes, plusieurs mouvements rapides d'expiration
sont suivis d'une inspiration lente, pénible et sonore, la
toux se termine par l'expectoration ou le vomissement
de matières glaireuses; il y a souvent, chez lui, des
épistaxis : il accuse enfin quelques douleurs dans le ventre
et les flancs que nous rapportons à l'action mécanique
de la toux. La cause est inconnue ; mais nous sommes
au printemps, la constitution de l'atmosphère est humide
et variable, et il y a un grand nombre d'enfants atteints
du même mal.

Les anciens appelaient cette maladie coqueluche, les modernes l'ont baptisée du nom, plus scientifique et plus pompeux, de bronchite convulsive. Il semblerait donc que l'élément sanguin et l'élément nerveux, présidant à son développement, il suffit, pour la guérir, d'attaquer ces deux ennemis, ou en même temps, ou alternativement. Eh bien! dans la majorité des cas, quelque système de traitement qu'on adopte, la maladie suit assez ordinairement son cours; qu'on saigne, qu'on donne des antispasmodiques et des calmants; qu'on fasse vomir, qu'on porte une dérivation sur le canal intestinal ou sur la peau; qu'on administre des incisifs, des amers, des aromatiques; des opiacés, la marche de l'affection est rarement intervertie, sa durée n'est point abrégée : cependant, dans une maladie mixte, nous appliquons un traitement mixte, et nous empruntons à toutes les théories et à l'expérience ce qu'elles ont de plus rationnel et de mieux constaté. Ici nous devons être éclectiques, quel que soit le résultat. Si, tout à coup, il survient un temps sec et chaud, l'épidémie cesse, et toutes ces bronchites convulsives disparaissent, en ne laissant après elles, et pendant quelque temps encore, qu'une toux peu fatigante pour tous nos petits malades.

Enfin, que je place Sydenham, Broussais ou Stalh, ou même, si on le préfère, toutes les célébrités réunies de l'époque, en face d'un cholérique, d'un pestiféré;

du typhus, de la suette miliaire, de la phthisie pulmo-
naire, etc., je suis forcé d'en convenir, malgré mon admiration profonde pour le talent de ces hommes de génie,
ma faible puissance ne sera pas fortifiée par leur puissance, mes lumières ne seront pas augmentées par leurs
lumières, et le malade ne recueillera aucun fruit de cette
consultation. Les maladies générales qui n'ont pas encore,
je ne dis pas un modificateur, un altérant, mais un spécifique, témoigneront, jusqu'à cette inespérée découverte, de notre incertitude, de notre impuissance.

La science a donc des limites qu'elle n'a pu franchir,
et je doute qu'elle jouisse de longtemps encore de ce
triomphe, si j'en juge par les tâtonnements incessants,
par les recherches et les essais nombreux et réitérés,
par les efforts inouïs qu'a faits l'intelligence depuis un
demi-siècle, et que continuent les savants de notre époque, sans que le résultat ait couronné leurs efforts. La
médecine suit un peu l'impulsion de la mode : comme
cette reine capricieuse, elle aime la nouveauté, quelquefois même les bizarreries; mais comme elle aussi ses
fantaisies sont de peu de durée : elle tourne dans un
cercle de fer dont elle aura peine à sortir. Il me paraît,
en effet, bien difficile de guérir ce qu'on ne connaît
pas, par le traitement qui dérive d'un système : le
hasard seul peut fournir un spécifique, ainsi que je
viens de le dire, car c'est dans les spécifiques dont l'expé-

rience a constaté les heureux effets que réside trop souvent le plus éclatant triomphe de notre art.

Il y a donc des maladies générales et des maladies locales aiguës, mais il existe encore des maladies chroniques, générales et locales, dont nous parlerons bientôt.

Nous devrons, par conséquent, et pour suivre la nature dans ses variations, nous éclairer des lumières d'une saine raison, faire à la fois et souvent, du vitalisme et du matérialisme, de l'humorisme et du solidisme; nous userons, dans de sages bornes, de l'empirisme éprouvé par l'expérience, ou, en d'autres termes, nous fermerons la porte à tous les systèmes exclusifs, comme on ferme l'oreille au mensonge, et nous resterons fidèles à la règle de conduite que nous nous sommes tracée, c'est-à-dire, que nous emploierons la méthode mixte de l'association : nous serons éclectiques.

Mais, à ce mot, se produit une rumeur soudaine dans une Faculté : on crie à l'arbitraire, on dit qu'une doctrine quelconque ne peut subsister sans principe, que l'éclectisme n'a pas de principes, et que par conséquent il ne peut édifier.

Nous répondons que nous ne voulons plus construire sur du sable mouvant, que nous ne pouvons pas élever un monument solide et régulier avec des éléments aussi divers, aussi mobiles, aussi disparates que ceux dont nous avons à nous servir; que si cela est possible et nécessaire

pour quelques-unes de nos connaissances, la nature
même des faits rend cette édification matériellement impossible dans la science des maladies. Nous ajoutons enfin
que nous ne cherchons pas à composer un système nouveau avec les débris de tous les systèmes : la grande
lumière qui doit éclairer, et descendre jusqu'aux plus
infimes détails, ne peut exister : c'est précisément pour
avoir voulu établir cette relation intime entre un principe et des conséquences qui en démontrent l'impuissance ou la fausseté, qu'on a été obligé de se jeter dans
le vague, de torturer les faits, de leur donner une signification très-hypothétique, et qu'ils ne possèdent pas
réellement ; c'est pour éviter ce défaut et nous soustraire
à cette vaine et inutile prétention, que nous suivons la
nature, et que, fidèle à ses enseignements et à ses
exigences, nous subissons humblement son impérieuse volonté : nous ne reconnaissons et ne pouvons reconnaître
d'autre loi que celle de la raison et de l'expérience. Cette
méthode est, au reste, aujourd'hui, généralement suivie
en France et dans quelques pays voisins : les hommes à
système disparaissent insensiblement ou se modifient, et
cet enthousiasme effréné, qui s'observait naguère encore,
va s'affaiblissant chaque jour, et finira par s'effacer
quand l'esprit d'observation aura fixé définitivement son
empire parmi nous.

Tout en puisant à cette source commune, l'homme ne

peut se départir de ses dispositions natives : ainsi, l'un
sera plus enclin à la généralisation, l'autre plus porté
à la particularisation ; mais il ne sera l'esclave d'aucune
théorie, il profitera des grandes vérités qu'elles renferment, il y joindra le fruit de ses propres lumières, et
s'il détourne un moment ses regards des principes fon-
damentaux de la science, ce ne sera que pour rendre
à son esprit toute sa liberté, toute sa puissance, et pour
laisser à son jugement le soin de guider plus sûrement
sa conduite. Il est incontestable que celui qui, au lit
du malade, est guidé par l'observation et la méthode,
peut rendre à l'humanité de plus grands services, que le
médecin, dont la pensée fixe cherche, en quelque sorte,
le modèle de l'original qu'il possède, comme si la nature
souffrante pouvait reproduire deux fois le même tableau.
Au reste, cette prévention dans l'intelligence qui observe
est déjà fâcheuse ; elle doit rarement, je pense, se rencontrer dans un praticien judicieux.

Il y a à peine un demi-siècle que les médecins localisa-
teurs avaient à lutter sans cesse avec les partisans de
l'entité morbide : l'un voulait dégager un organe souf-
frant, l'autre chasser l'humeur malfaisante ; l'un voulait
saigner, l'autre voulait purger ; la confusion des doctrines amenait la confusion du langage ; on avait peine à
s'entendre. Grâces aux progrès de la médecine observatrice
et éclectique, devenue à notre époque la règle commune

de conduite, grâces au triomphe d'une saine raison, il
n'existe plus aujourd'hui de ces grandes dissidences pratiques qui, naguère encore, régnaient sur le théâtre de
notre art. A part quelques rares débris de l'ancienne
école, à part quelques restes d'un humorisme outré, on
peut dire que les maladies, bien qu'envisagées diverse-
ment, sont, en général, plus fréquemment localisées,
et surtout traitées, selon une méthode à peu près uniforme, par la majeure partie des médecins en France.
A Paris comme à Montpellier, à Strasbourg comme à Toulouse, les leçons orales pourront varier dans un amphithéâtre ; mais l'application clinique aura la plus grande
analogie ; elle sera même, le plus souvent, identique
dans les hôpitaux.

Ainsi, l'un pourra regarder comme une pneumonie
ce qui sera, pour l'autre, une bronchite chronique ou
même le début de la phthisie tuberculeuse ; l'un prendra
pour un emphysème ce qu'un autre considèrera comme une
hypérémie de la muqueuse ; l'un diagnostiquera un ané-
vrisme, et l'autre une angine de poitrine ; l'un verra un
asthme essentiel là où l'autre trouvera une affection organique du cœur ou une lésion dans les gros vaisseaux ;
l'un soupçonnera le cancer où l'autre admettra une simple dégénérescence des tissus (tous ces exemples, nous en
avons été les témoins) ; mais ces divisions ne proviennent
nullement d'une influence systématique ; elles sont le ré-

sultat d'une appréciation différente des signes morbides,
qui modifie le jugement et forme la conviction person-
nelle du médecin.

Nous avons vu la nature de l'homme devenir un des obstacles à l'accroissement rapide de la science qui traite
de ses maladies ; elle est aussi la cause principale de son
incertitude. Il n'est personne, je crois, qui n'ait entendu
adresser à la médecine le reproche d'être conjecturale,
comme pour en déduire ironiquement un caractère
d'impuissance, reproche qui rejaillit indirectement sur
l'homme de l'art lui-même. Ne peut-on pas, jusqu'à un
certain point, la justifier de cette accusation, que je lui
adresse aussi moi-même, mais dans un sens plus restreint,
peut-être, que les gens du monde. Ce que j'ai déjà dit
trahit assez ma façon de voir, pour que je doive m'abste-
nir de tout effort pour la déguiser. Je doute souvent,
mais je crois plus fréquemment encore que je ne doute :
quelques explications me paraissent nécessaires à ce sujet.

Il est incontestable que la médecine se place le plus
ordinairement sur le terrain des probabilités, puisque
son essence même l'exige, et peut-être même plus souvent que la plupart des autres connaissances humaines ;
mais retenez bien, je vous prie, qu'elle subit en cela la
position qui lui est faite par la force même des choses,
indépendamment de toute participation intellectuelle. Et,
d'ailleurs, si l'on veut y réfléchir sérieusement, on ne

tardera pas à s'apercevoir que, sous ce rapport, presque toutes les sciences, approfondies par un esprit sévère, offrent à l'observateur attentif un lien de proche parenté. Sans entrer dans des considérations très-étendues, je pourrais invoquer, par exemple, la science du droit. Les divers degrés de juridiction ne démontrent-ils pas suffisamment, sous ce rapport, quelque consanguinité, et ne permettent-ils pas d'établir une espèce d'alliance entre les deux robes. Je sais bien que l'esprit de la loi doit être un et absolu ; mais du moment que cet esprit exige une interprétation, et que les intelligences les plus élevées n'arrivent pas identiquement à la même solution, il existe une certaine obscurité qu'il est souvent difficile de faire disparaître, même pour les jurisconsultes les plus profonds ; aussi, sans vouloir comparer exactement deux choses qui n'ont entre elles que des relations fort éloignées, nous pouvons dire pourtant que la science de l'homme, également, doit avoir des lois régulières et parfaites, qui, mieux connues, pourraient nous permettre de fixer ces grands principes, découvrir cette vérité primitive qui échappe à la faiblesse de l'intelligence, et empêche la certitude d'éclairer l'examen de l'organisation vivante. Au reste, le nombre des sciences positives, dans la véritable acception de ce mot, n'est pas considérable : une seule, on le sait, mérite ce nom. Mais enfin la médecine n'est pas aussi rêveuse qu'on l'imagine. L'anatomie laisse peu à désirer ; les grands et beaux travaux de la fin du xviiie et du commencement du xixe siècles, ont perfectionné la physiologie par les vivisections ; l'anatomie pathologique, sagement interprétée, est une source abondante de vives lumières : la chimie, la physique, la botanique, la matière médicale, qui sont comme les rameaux de l'arbre médical, se sont presque élevées au rang des sciences exactes. On sait combien, depuis deux siècles surtout, la chirurgie et la médecine opératoire ont grandi, et quelle est aujourd'hui leur perfection. Il existe des hôpitaux entièrement consacrés à l'étude clinique et à l'observation de toutes les espèces et variétés de maladies, où l'élève qui veut acquérir, et le professeur qui veut progresser, peuvent l'un et l'autre satisfaire amplement ce besoin et cette noble ambition. Aussi, il faut bien qu'on le sache, la médecine montre surtout sa faiblesse lorsqu'elle entre dans la voie du système, parce qu'en cherchant le lien qui rattache les faits à un principe unique, on poursuit une chimère et on nuit au progrès de l'art ; mais si l'on reste dans le champ de l'observation, et qu'on sache se servir avec habileté et précision des richesses que l'on y découvre, la puissance de la médecine augmente , s'accroît et s'étend.

Ainsi envisagée, elle perd en partie le caractère obscur qu'elle avait revêtu ; elle prévient, prévoit, soulage, console et peut guérir. Il existe même des affections générales dont elle ignore la nature et le siége, et dont elle triomphe à coup sûr. Il est fort bizarre d'avoir à le confesser ; mais il est vrai de dire que, de toutes les maladies, celle qu'elle connaît le moins (la fièvre intermittente) est précisément celle qu'elle guérit le mieux. Il en est d'autres qui sont encore et seront longtemps, sans doute, un mystère : celles-là attestent, sans qu'on puisse la défendre, je ne dirai pas sa complète nullité, mais son ignorance et la grande faiblesse de son pouvoir. Dans le traitement de ces dernières, il faut se hâter de convenir que le plus habile et le plus heureux est celui qui conjecture le mieux. Nous faisons des vœux pour que cette fièvre de curiosité intellectuelle, qui, depuis un demi-siècle, dévore l'espèce humaine, fasse descendre dans ces ténèbres profondes les rayons puissants de la vérité.

Ainsi donc, malgré ses incertitudes, ses hypothèses, ses conjectures, qu'elle partage à des degrés divers, avec la plupart des connaissances humaines, il est hors de doute que la médecine a atteint une perfection capable de satisfaire les plus incrédules, pourvu qu'ils désirent être éclairés, et que leur esprit soit de bonne foi. Nous l'avons vue partir de l'instinct des premiers âges, traverser les siècles, revêtue d'abord du sacerdoce en passant par le temple des prêtres d'Esculape, puis s'éclairer des vives lumières de la philosophie, et enfin, soumise à

l'observation plus rationnelle des faits et à leur coordi-
nation, recevoir, de nos jours, l'influence salutaire des
sciences positives qui lui ont imprimé leur caractère
autant que le permet sa nature.

Il y a donc eu, sinon progrès rapide, du moins progrès réel. Mais nous avons démontré que les deux antagonistes qui, pendant deux mille ans, se sont disputé
le terrain de la science, ne pouvaient nous conduire, isolément, dans une bonne voie : si , pour faire ressortir
davantage la vérité de cette assertion, nous pouvions,
dans ce résumé, passer en revue, un à un, tous les
systèmes qu'ont enfantés le spiritualisme et le matérialisme, nous serions bien vite convaincus qu'il n'en est
aucun qui puisse guider notre conduite au lit du malade,
parce qu'il n'exprime pas, parce qu'il ne renferme pas,
parce qu'il n'explique pas tous les faits recueillis par
l'observation et par l'expérience. Nous ne rencontrerions
sur notre chemin aucun monument séculaire, aucun
édifice solide et régulier dont nous pussions admirer le
style et le complet achèvement. Partout et toujours on a
construit sur du sable mouvant; partout les rêves d'une
imagination plus ou moins créatrice, plus ou moins
ingénieuse, ont produit des plans non calqués sur la
nature et où l'unité a constamment fait défaut. De ce
manque de base et de ce disparate, il en est résulté des
ruines : sur ces ruines, l'intelligence de l'homme, dans

son insatiable avidité du progrès, a érigé, de nos jours,
des ouvrages nouveaux qui se sont déjà en partie écrou-
lés, et dont il ne restera bientôt que les débris offerts à
la postérité, comme un éclatant témoignage de nos
efforts, mais aussi comme une preuve de notre orgueil
et de notre faiblesse.

Dans une science de la nature de celle que nous exa--
minons, on ne saurait se lasser de le répéter, où les
éléments les plus divers, les plus incohérents, les plus
mobiles, les plus imprévus, se heurtent à chaque pas;
où se rencontrent des phénomènes insaisissables par leurs
rapports mensongers, et que l'esprit ne peut apercevoir
qu'à travers le prisme trompeur de la pensée, on ne peut
espérer obtenir la réalité, posséder la vérité : on la devine peut-être, on ne la démontre pas dans son intégrité.

Qu'on nous permette donc, sans scepticisme aucun,
d'exprimer le doute : notre répugnance ne saurait éteindre notre sincérité; et nous resterons dans cette docte
ignorance jusqu'à ce qu'un de ces génies supérieurs, que
la nature, à la suite d'une parturition pénible, enfante
de loin en loin, sera venu porter dans notre esprit l'évi-
dence, et dans nos yeux la lumière qui, seule, peut nous
retirer d'une hésitation douloureuse, mais obligée. Avec
quelle reconnaissance nous accepterions, et la postérité
recevrait cette précieuse et immortelle découverte ! Avec
quel sentiment de bonheur et de joie elle proclamerait,

à la face du monde étonné, qu'elle tient, dans ses mains,
la théorie parfaite, qui désormais, mettant l'homme à
l'abri de l'erreur, peut guider sûrement sa raison dans
le traitement des infirmités humaines !.....

J'ignore ce que les siècles à venir pourront ajouter de
neuf à ce que nous savons déjà ; mais je ne doute pas
que, si quelque découverte ultérieure vient apporter une
modification importante à l'étude de l'homme, elle sera
toute au profit de l'élément matériel ; elle sortira bien
plutôt du cabinet du physicien ou du chimiste que du
cerveau d'un psychologue. Il existe, dans l'électricité, le
magnétisme et la chaleur combinés, des effets si merveilleux ; il se produit, sous leur influence, des phénomènes
si prodigieux d'instantanéité, de rapidité, de nouveauté,
que ces théories, appliquées à l'examen de l'organisation vivante, ne paraissent pas avoir dit leur dernier
mot. La partie morale de l'être restera toujours debout,
quoi qu'on fasse, comme la partie culminante de l'édifice, rien ne pourra l'abattre ; mais ces recherches four-
niront peut-être quelques renseignements utiles à l'explication, ou plutôt à une compréhension plus nette des
mouvements intérieurs de notre machine, des sympathies qui s'y remarquent, de la production, du développement et de la marche de certains états morbides, dont
les causes nous échappent et placent ces affections au-
dessus des lumières de la raison. Les découvertes du phos-

phore et du soufre, dans le cerveau de l'homme ne me semblent pas des éléments sans importance et sans but ; il pourrait bien arriver que leur existence vînt se rattacher plus tard à des faits que l'expérience et le temps peuvent seuls éclaircir.

Je n'attache d'autre valeur à ces hypothèses que celle de signaler la possibilité du résultat. Si, il y a trente années, on eût annoncé que, bientôt, il serait possible d'établir, d'un bout de l'Europe à l'autre, un langage qui eût la précision de la voix et la rapidité de l'éclair, on aurait qualifié cette pensée de rêverie, de folie ; et cependant il existe des télégraphes électriques.

Spécialités. Au milieu du grand mouvement des intelligences auquel nous assistons chaque jour, au milieu de ces ateliers nombreux ouverts de toute part, la collection des matériaux est devenue si considérable, que la vie toute entière d'un seul homme pourrait à peine suffire pour exploiter un petit coin du champ de la science. Aussi la nécessité de diviser ce terrain en parcelles plus ou moins nombreuses est-elle venue bientôt se faire sentir. Ce n'est plus de nos jours, dans le silence du cabinet, que les hommes sérieux puisent leurs inspirations scientifiques, c'est sur le théâtre même de la douleur et de la mort qu'ils recueillent les précieux documents que la nature répand avec profusion dans les asiles du malheur, dans les hôtelleries de l'infortune. La mé-

decine est devenue si vaste qu'il a fallu la morceler,
dans son étude, sans néanmoins affaiblir les rapports de toutes ses parties, et sans lui enlever ce caractère d'unité qui convient à sa nature et fixe sa grandeur.
Ainsi on a séparé, mais dans la pratique seulement
et dans les grands centres de population, la médecine
interne de la médecine opératoire. Quelques médecins se
sont emparés des accouchements, d'autres des maladies
des enfants, d'autres des maladies de la peau, d'autres
des maladies mentales : enfin la chirurgie elle-même et la
médecine se sont encore subdivisées en des ramifications
nombreuses qui ont chacune donné lieu à d'utiles et
savantes monographies. On a étudié les maladies de
l'oreille, les maladies des yeux, les maladies de la ma-
trice, les affections nombreuses de l'appareil urinaire.
Cette dernière étude a produit, dans notre siècle,
une de ces découvertes précieuses, qui honorent leur
auteur et font la gloire de notre art. La lithotritie est,
sans contredit, un des plus beaux fleurons de la chirurgie française, par les services immenses dont elle dote
chaque jour et la science et l'humanité. Son apparition,
dans l'exercice de notre art, place le nom de Civiale au
niveau des plus grandes illustrations de notre siècle. Je
tiens d'un témoin oculaire, le docteur Aliës, que c'est
cet habile opérateur qui, le premier aussi, a fait sur le
vivant les essais du brise-pierre. Je ne suis pas surpris

qu'il se soit élevé plusieurs rivaux pour lui contester là
priorité de cette invention, de cette heureuse application
de l'art aux affections calculeuses; mais, sur le rapport
de Chaussies et Percy, du 22 mars 1824, l'Institut atta-
cha son nom à cette opération, qui, désormais, portera,
dans la science, le nom *d'opération-civiale*, et fera jouir
son auteur de la juste renommée que méritent son zèle,
sa longue persévérance et ses nobles travaux.

C'est ainsi que les spécialités, bien comprises et con-
fiées à des intelligences élevées, à des consciences droi-
tes, ont fait progresser la science et l'ont enrichie de
découvertes, dont la valeur est incalculable au point de
vue humanitaire.

Alors que toutes les connaissances étaient rangées sous
la bannière du philosophisme, alors que les faits étaient
rares et peu variés, on rencontrait quelques têtes ency-
clopédiques qui embrassaient l'ensemble de toutes les
parties de l'édifice ; mais quel serait de nos jours le cerveau organisé de manière à pouvoir se prêter à cette
réunion collective, qui aurait la puissance de saisir
en elles-mêmes et dans leurs rapports éloignés, toutes les
branches de l'histoire naturelle ? Les rapides progrès,
l'extension prodigieuse que l'intelligence de l'homme a
imprimée depuis quatre siècles à toutes les sciences acces-
soires, l'accroissement qu'ont pris les rameaux et le tronc,
ne permettent plus à la capacité la plus vaste, la plus

privilégiée, d'approfondir tous ces travaux. Il a donc fallu les méditer isolément, et la vie de chaque savant a été assez bien remplie, en se livrant à cette étude partielle.

En cherchant à fixer la valeur théorique et pratique de notre art, et son degré de certitude, nous avons laissé une lacune que nous allons tâcher de combler en quelques mots.

Nous n'avons eu en vue, jusqu'ici, que les maladies aiguës, quel que fût leur caractère ; mais si pour complé- ter notre pensée, nous entrons un moment dans le domaine des affections chroniques, oh ! alors notre impuissance deviendra plus manifeste encore. Ici, nous ne trouve- rons, en effet, qu'entraves, qu'obscurités, que déboi- res, qu'insurmontables difficultés. On conçoit aisément qu'il doit en être ainsi, sans avoir recours à une longue démonstration. Il suffira de dire que, lorsque l'organisme est attaqué jusque dans ses racines, pendant un espace de temps plus ou moins long (et je parle ici surtout de celles qui durent depuis plusieurs années), soit par une altération profonde des liquides, soit par la transforma- tion ou la dégénérescence des solides, l'espérance de faire disparaître ces désordres, de ramener les organes à leur état primitif doit être faible : nous tirons *à priori* cette conséquence, et l'expérience n'est-elle pas là pour la fortifier du poids de son témoignage ! Aussi, notre

Maladies chroniques.

désespoir et les insuccès ont-ils peuplé nos hôpitaux de locataires inamovibles, dont on soulage parfois les souffrances, mais qui, le plus communément, réclament en vain la guérison radicale de leurs maux.

Ces maladies désespérantes, qui ont acquis droit de domicile dans l'organisation humaine, et qui sont la véritable pierre de touche de la puissance médicale, amènent des controverses fréquentes parmi les hommes de l'art, et motivent, du côté des patients, des changements peu fructueux, des déplacements nombreux, des voyages lointains. Tous les médecins de la localité et des grandes cités sont tour à tour consultés; toutes les lumières de la science sont invoquées; mais, au milieu de ces efforts combinés, il nous en coûte de le confesser ici, le succès de la thérapeutique est bien faible, dans l'immense majorité des cas : c'est surtout dans ces désordres obscurs, dans ces états réfractaires, que la puissance médicatrice de la nature, aidée des secours de l'hygiène, a toute notre confiance et base toutes nos espérances.

Néanmoins, en quittant le sanctuaire des princes de la science, les malades sont un instant moins abattus et regagnent leurs pénates, le cœur plus paisible et plus satisfait; ils en rapportent même parfois le bienfait d'un soulagement momentané; c'est une halte dans la vie de douleur qui donne du courage au malheureux, pour supporter, avec plus de patience et de résignation, les angoisses et les

lenteurs du mal, et pour calmer les poignantes inquiétudes d'un avenir incertain!..... La raison va puiser à ces
sources vives les douces consolations de l'espérance, et le
pauvre malade, ainsi retrempé, s'avance quelques jours
encore, d'un pas moins chancelant, dans le chemin de
la souffrance; mais il reprend bientôt ses premières alar-
mes, et succombe en maudissant la science et bénissant
les efforts impuissants d'un ami!....

Le médecin compatissant et réfléchi, qui a journelle-
ment sous les yeux ces tableaux déchirants de toutes
les infirmités humaines, et qui éprouve au fond de son
âme navrée ce serrement pénible qu'y fait naître la vi-
vacité de ses désirs et leur accablante inutilité, ne devra-
t-il pas se montrer très-circonspect sur le degré de certitude de son art, et ne sera-t-il pas apte à établir,
dans son véritable aspect, la valeur qu'il convient de lui
attribuer?.....

Quelle que soit la pensée du lecteur, je lui dois cette
franchise : elle est dans mon caractère; elle peut être
aussi dans son intérêt, s'il sait me comprendre.

Je lis, sur le frontispice de la demeure d'autres infortunes, ce mot décourageant, ce mot terrible : *Incurables ! ! !*

J'avoue, au point de vue humanitaire, que je comprends peu, dans nos mœurs toutes charitables, qu'on
ait la barbarie d'inscrire, à l'entrée de nos établisse-

ments et sur la porte même de l'asile du malheur, cette désignation si expressive, qui apprend au nouveau venu le sort qui lui est réservé, et qui détruit dans son âme jusqu'au dernier rayon de ce sentiment qui soutient, qui adoucit, qui console..... l'*espérance!!!*

Je ne comprends pas davantage qu'il existe, dans certains hôpitaux, des chambres séparées, où on ne transporte qu'à une période avancée du mal le pauvre malade voué à une mort certaine. Mais, si un miracle voulait s'opérer en faveur de ce malade, si vous vous étiez trompé, si son intelligence n'est pas entièrement éteinte, s'il conserve encore un faible reste du sentiment de ce qu'il est, ne vous opposez-vous pas à tout retour? et, dans tous les cas, n'empoisonnez-vous pas les derniers instants de sa vie?.... Ne devez-vous pas, au contraire, lui déguiser, par toutes les voies, sa fin prochaine, et lui prodiguer, jusqu'au moment suprême, les douces consolations de la fraternité chrétienne?

Tout en reconnaissant notre impuissance, au moment même où je trace ces lignes, tout en admettant en principe que notre intelligence est bornée et qu'elle ne dépassera jamais, quelqu'effort qu'elle fasse, certaines limites, je ne veux pas laisser croire qu'elle ne peut rien découvrir d'utile au traitement des maladies chroniques, et que l'observation, la raison et l'expérience ont dit leur dernier mot dans cette grave et immense question. Je n'ai pas voulu dire, aussi absolument qu'on pourrait le supposer par ce qui précède, que j'ai le bonheur de vivre dans un siècle qui a touché les bornes du possible et que le temps n'a plus rien à nous révéler. C'est dans cette étude épineuse et difficile, que la réflexion, le jugement et la persévérance du malade et du médecin deviennent surtout indispensables. Mais, pour que la science et l'humanité recueillent ces fruits, pour que l'attention du savant ne soit point détournée de cette salutaire direction, nous avons besoin de paix et de repos. Le génie des découvertes ne s'inspire pas dans le tumulte et le désordre, mais dans le calme et la quiétude.

Nous vivons à une époque malheureusement célèbre en utopies de tous genres; le souffle desséchant d'un fanatisme audacieux a jeté sur le sol de notre patrie des semences empoisonnées qui menacent la vie des peuples; il semble vraiment que la bannière du Christ, qui pendant près de vingt siècles a moralisé et civilisé le monde, va devenir, en passant dans les mains de ses nouveaux apôtres, le signal redoutable d'un cataclysme universel, dans lequel seront engloutis la raison, la probité, la vertu, le repos, le bonheur, les liens sacrés de la famille et les plus douces espérances de l'avenir ! Ces démagogues superbes, poussés par un égoïsme coupable, et méconnaissant leur propre nature, élèvent leurs folles prétentions jusqu'à devenir les réformateurs et les maîtres d'une société dont ils essaient, tout en les invoquant, d'annihiler les dogmes et les saintes croyances ; le nivellement qu'ils méditent, les droits qu'ils imposent, sapent le principe nécessaire de son organisation, puisqu'il prend ses racines dans les rapports hiérarchiques et moraux qu'ils cherchent, non à éteindre, mais à déplacer à leur profit. Vouloir refaire tout ce qui est, avec de semblables éléments et de pareils moyens, c'est vouloir changer les lois physiques et morales, c'est porter une main sacrilége sur l'ouvrage de Dieu même,..... c'est de la démence ! ! !

Cette tension douloureuse des esprits, ces préoccupations pénibles, réagissent directement ou indirectement sur la santé publique, en détruisant le calme et l'harmonie dont l'organisme a besoin pour conserver la régularité de ses fonctions ; les ébranlements cérébraux qu'elles produisent préparent ou développent l'aliénation mentale ; elles arment la main du suicide ; elles portent le désespoir et le deuil au sein du foyer domestique ; elles deviennent, non-seulement une occasion de troubles et de désastres, mais une cause permanente de surexcitation et de mort !....

Ces doctrines incendiaires et perverses, en détournant sans cesse les intelligences des travaux sérieux, et en développant le germe de toutes les passions dans le cœur de l'homme ainsi entraîné au milieu des orages de la vie publique, paralysent le mouvement des sciences, des arts, de l'industrie, et absorbent, au détriment du progrès, tout ce qu'il y a de puissance, d'énergie, de vitalité dans le caractère et le génie d'une grande nation!

Ce n'est pas au milieu des camps et dans les violentes perturbations de la politique, que les sociétés grandissent, que l'intelligence se développe et se fortifie : si elles sont parfois utiles pour faire disparaître des abus et faire marcher les hommes dans une voie meilleure, si les accidents de la guerre et le mélange des nations ont pu concourir à la civilisation des peuples, leur premier effet sera toujours d'enrayer les travaux de l'esprit, de s'opposer aux découvertes et de suspendre la diffusion des lumières. Nous faisons donc des vœux pour que l'humanité se repose et éteigne dans son âme ces germes délétères qui ne peuvent désormais produire que des bouleversements affreux et de sanglantes catastrophes! Que les gouvernants et les gouvernés, que les maîtres et les serviteurs mettent en commun leurs vœux, leurs besoins et leurs intérêts; que le peuple comprenne enfin que la nature comme la société établissent certaines prérogatives qu'on ne peut éviter, et certains droits qu'il faut savoir respecter; qu'il sache aussi que la tranquillité seule et le travail peuvent nous conduire dans la douce voie des améliorations, du progrès et du bonheur!....

S'il est vrai de dire que la médecine est quelquefois, par la force même des choses, incertaine et conjecturale, *Puissance de l'hygiène.*

dans l'emploi de la thérapeutique au traitement des maladies, hâtons-nous d'ajouter qu'elle jouerait un rôle
bien puissant, si elle pouvait, à son gré, diriger la santé
publique et privée. Si ceux qui la décrient, sans la connaître, voulaient apprécier sa valeur hygiénique ; si,
laissant de côté le vague dont ils l'accusent sans cesse,
pour n'envisager que ce qu'elle a de positif, d'utile et
d'élevé ; si, plus raisonnable et plus confiante dans ses
lumières, l'espèce humaine réclamait de son ministère ses
sages avis, alors qu'ils sont d'un poids immense dans la
balance, pour protéger la vie des individus et des peuples : de quels services, de quels bienfaits ne doterait-
elle pas ses semblables ! Elle possède, en effet, des
richesses dont on méconnaît trop le prix, et on est vraiment surpris de voir l'indifférence étrange qu'on manifeste
pour des intérêts aussi chers. S'il n'est pas toujours au
pouvoir du médecin d'opérer une cure, il peut le plus
souvent s'opposer à l'invasion du mal, et, par suite,
entretenir et conserver la santé ; s'il n'évite pas toujours
la mort, il peut souvent reculer les bornes de la vie.

L'importance de cette branche de notre art était si
bien sentie par les philosophes anciens, qu'à une époque
déjà très-reculée de l'histoire, où la nature seule révélait,
en quelque sorte, ses inspirations, on les voit plus
occupés de prévenir que de combattre les maladies. Les
sentiments de conservation, qui sont si profondément

gravés dans le cœur de tous les hommes, nous autoriseraient à penser, alors même que nous n'en aurions pas de preuves écrites suffisantes, que c'est par l'hygiène qu'a commencé la médecine : comment se fait-il donc que, de nos jours, une disposition presque native, car elle trouve sa source dans l'organisation elle-même, soit pourtant si négligée, et qu'elle soit si rarement appliquée avec discernement par les individus et les peuples ?

Si la morale est le guide le plus sûr de l'homme intellectuel, l'hygiène est, sans contredit, le meilleur conseiller de l'homme physique. A part les influences imprévues et les prédispositions ignorées, je prétends, et cette prétention s'appuie sur de longues et sérieuses observations, que si l'on pratiquait rigoureusement, et dans tous les cas, les règles prescrites par l'hygiène, qui, au reste, ne sont le plus ordinairement que les règles de la prudence dirigée, l'action de la thérapeutique deviendrait inutile dans une proportion considérable. Si, de plus, les hommes de l'art étaient consultés au début des affections, s'ils voyaient s'exécuter, avec une scrupuleuse religion, leurs ordonnances; si tous ces tiraillements, qui proviennent, sinon du caprice des malades, au moins et le plus souvent, des personnes affectueuses qui les entourent et leur nuisent si fort, tout en croyant leur rendre service; si tous ces tiraillements, dis-je, n'existaient pas ; si cette foule de remèdes de bonnes femmes ne venaient entraver et retarder l'emploi ou les effets d'une salutaire et utile médication et changer ainsi la marche des maladies, je ne crains pas d'affirmer que la mortalité diminuerait d'un vingtième, d'un dixième peut-être, en France; car j'ignore ce qui se passe, à cet égard, dans les autres parties du globe.

Une telle différence dans les résultats ordinaires, un bienfait de cette nature, et qui, pour moi, est une traduction fidèle de la réalité, ne devrait-il pas frapper l'esprit des populations s'il arrivait à leur connaissance, les rendre plus dociles, et surtout plus attentives à la défense de leurs intérêts les plus chers, puisqu'il s'agit de la conservation même de l'existence?

Si, pourtant, je compare la confiance aveugle qu'inspirent, dans tous les pays, la plupart des professions libérales à celle que la médecine devrait au moins posséder au même degré, et qu'elle est bien loin d'obtenir, j'éprouve le besoin de rechercher la cause de l'étrange défaveur dont elle est l'objet. Je la trouve, d'une part, dans le doute obligé qu'elle exprime, dans ses lenteurs nécessaires, quelquefois dans ses insuccès, et de l'autre, dans les médecins eux-mêmes.

J'ai déjà prouvé suffisamment, et par des motifs concluants, que la nature même de l'homme s'oppose invinciblement, et dans une infinité de circonstances, quelque capacité et quelque bon vouloir qu'on imagine,

à la certitude qu'on désire : il n'appartient pas à notre
volonté de changer les termes du grand problème qui
est à résoudre ; j'ai fait voir, par conséquent, qu'on ne
pouvait exiger de l'homme de l'art le plus habile, que
les services qu'il est en sa puissance de rendre à l'humanité.

Je me demande enfin pourquoi cette indécision occa-
sionne-t-elle ce que la science du droit, que j'ai déjà
citée, n'occasionne pas. Est-ce que deux avocats qui plai-
dent dans une affaire, la gagnent tous les deux ? Par
cela même qu'il y a matière à procès, même en dehors
de la mauvaise foi des parties, les questions sont-elles
toujours extrêmement claires ? Ne faut-il pas souvent, ou
par la faute des juges, ou par celle des avocats, ou par
celle de la cause, je l'ignore, épuiser tous les degrés
de juridiction, pour avoir la solution de la difficulté ?
et alors même que l'affaire a acquis force de chose jugée,
est-il bien certain, pour tous, qu'on soit arrivé à la
vérité mathématique ? Cela devrait être ; mais cela n'est
pas toujours.

La confiance exclusive, et parfois enthousiaste, que le
public, et, dans ce mot, je ne comprends pas seulement
les ignorants de bas étage, mais encore la classe moyenne,
la classe la plus élevée, que le public, dis-je, accorde
au charlatanisme de toutes les couleurs et de toutes les
formes, prouve irrévocablement qu'on veut, avant tout

et par-dessus tout, l'affirmation de la cure, quel que soit
le prétendu guérisseur. A quelques exceptions près, la
question de convenance et de personnes est ici mise de
côté : la confiance, les égards, la déférence, la reconnaissance, ce sont là des mots vides de sens : ceux-là
même qui oseraient le contester, savent très-bien qu'en
ce moment j'analyse, avec vérité, leurs sentiments et
leur conduite envers des hommes honorables et consciencieux, que le savoir et la dignité de soi-même placera
toujours, dans la hiérarchie intellectuelle, au-dessus de
l'ignorance orgueilleuse et du pédantisme effronté qui
leur plaît et les subjugue.

Jusques à quand le caractère dont nous sommes investis, recevra-t-il l'humiliation qu'on lui imprime avec
autant d'impudeur que d'injustice ? Ce stigmate s'effacera
le jour où tous les membres de cette grande famille seront pénétrés de la sainteté de leur mandat, sauront
conserver, pour eux et entre eux, le nom qu'ils portent, vierge de tous ces procédés impurs et coupa-
bles, dont ils usent trop souvent dans l'ombre, les uns
vis-à-vis des autres ; le jour où l'intérêt personnel et
pécuniaire (j'ai peine à écrire ce mot) ne les empêchera
plus de se souvenir qu'il n'y a qu'un sentiment de possible en face de la douleur, et que, pour avoir l'estime
qu'on réclame, il faut savoir la mériter, au moins dans
sa vie publique ; le jour enfin, où, tout en se préoccu-

pant des intérêts et des besoins de sa position, on saura ménager et respecter la réputation d'autrui.

Alors seulement renaîtra la confiance qu'on n'accorde aujourd'hui qu'au charlatanisme ; alors, peut-être, on distinguera les hommes instruits, zélés et consciencieux, de ces spéculateurs adroits, de ces colporteurs habiles, de ces ignorants déguisés en hommes de science, qui fascinent et tuent, qui éblouissent par un savoir-faire sans savoir, qui se trompent et s'avilissent en trompant les autres, qui font de notre art un vil métier, trafiquent de la science comme d'une marchandise, et rabaissent ainsi les hommes et les choses, en imprimant à tout ce qu'ils touchent le cachet de l'ignominie, de la répulsion et du dégoût.

Nous aurions voulu taire ces tristes réflexions ; mais ces faits sont, depuis longtemps, dans le domaine public, et personne aujourd'hui n'ignore que la société regorge de ces types malheureux qui excitent notre pitié plutôt que notre mépris, quelle que soit leur apparente réputation. Nous plaignons, avec une égale douleur, et les patients assez aveugles pour confier le soin de leur vie aux hommes de cette espèce, attendant toujours, pour revenir de leur erreur, que quelque affreuse catastrophe vienne leur dessiller les yeux ; et les misérables qui exploitent ainsi impunément, au grand jour, l'ignorance et la crédulité publiques !

Arrière donc ces hommes avides et superbes, si nombreux en France, qui viennent balbutier audacieusement
dans nos villes le noble langage d'une science qu'ils avilissent, qui, sous le masque d'un faux savoir, parodient
ce qu'il y a de plus saint, de plus noble, de plus élevé
dans l'intelligence et la conscience de l'homme voué au
soulagement de toutes les infortunes!

Arrière ces guérisseurs de tous les maux incurables,
qui, par affiches ou par la voie de la presse, ne rougis-
sent pas de faire eux-mêmes l'apologie de leur prétendu
savoir !

Arrière ces charlatans de salons, s'il en existe encore,
non moins dangereux pour la science et pour l'humanité,
qui, par leurs procédés et leur manque de loyauté, nuisent si profondément à la dignité professionnelle, qui,
sous un habit décent, et à la faveur de tous les dehors
d'une belle éducation, font un ignoble courtage, pour
entrer plus vite dans le chemin de la fortune !

Contentons-nous de gémir, au fond de notre âme, de
toutes ces turpitudes qui dégradent l'homme, et déplo-
rons amèrement et en silence qu'il soit possible et permis,
au XIXᵉ siècle, de traiter une société aussi éclairée que
la nôtre comme les devins et les chiromanciens traitaient
astrologiquement leurs semblables, au commencement
de notre ère.

Maintenant que nous avons suivi rapidement la marche

de l'esprit humain dans la science des maladies, que nous avons déroulé aux yeux du lecteur l'histoire philosophique de la médecine, que nous avons essayé de montrer sa valeur, sa puissance et son caractère au XIXe siècle, nous pouvons considérer comme un paradoxe cette définition exclusive et pompeuse de la médecine, que l'orgueil ou l'irréflexion placent sur nos lèvres et ont inscrit à la tête de nos livres; et, nous souvenant de l'aveu, modeste et sublime tout à la fois, de l'illustre chirurgien de Charles IX, nous puiserons, comme lui, nos inspirations et nos lumières dans les hôpitaux, où chaque lit est une page éloquente et vraie du livre de la nature; nous observerons, avec une attention religieuse, les faits; nous les coordonnerons avec soin, non pour en bâtir un système nouveau et y attacher notre nom, mais pour en former des faisceaux puissants qui seront nos conseillers et nos guides; nous guérirons quelquefois, nous soulagerons souvent, nous consolerons toujours.

Nous attaquerons de front, et dès le début, les maladies que nous connaîtrons le mieux, nous les poursuivrons avec hardiesse et confiance, et, par ce moyen, nous pourrons en triompher; nous en conduirons d'autres avec prudence et sagesse, au lieu de chercher à les combattre par des remèdes actifs. Nous éviterons à nos semblables bien des douleurs et bien des peines, s'ils savent profiter de nos sages avis, de nos bons conseils hygiéniques; nous prêterons, avec zèle, notre concours à l'administration, nos lumières à la justice, et nous aurons ainsi rendu, à la société toute entière, les services qu'elle a droit d'attendre de notre savoir, de notre dévouement, de notre caractère; nous nous serons, enfin, montrés dignes de la haute et sainte mission que nous étions appelés à remplir, au milieu de nos semblables; car nous aurons su, en toute circonstance, allier la dignité de l'homme à la noblesse de la profession, et l'intérêt de la science à celui de l'humanité.

FIN.

www.ingramcontent.com/pod-product-compliance
Lightning Source LLC
Chambersburg PA
CBHW071837200326
41519CB00016B/4150